신비한 수학의 땅
툴리아 2

신비한 수학의 땅 툴리아 2

1판 1쇄 발행 2020년 8월 10일
1판 2쇄 발행 2020년 10월 30일

지은이 권혁진
펴낸이 이윤규

펴낸곳 유아이북스
출판등록 2012년 4월 2일
주소 (우) 04317 서울시 용산구 효창원로 64길 6
전화 (02) 704-2521
팩스 (02) 715-3536
이메일 uibooks@uibooks.co.kr

ISBN 979-11-6322-044-2 43410
값 12,500원

중학교 수학 1-2 개념이 담긴 흥미진진한 이야기

신비한 수학의 땅
툴리아 2

기묘한 여름 방학

글 권혁진 | 그림 신지혜 | 감수 김애희

유아이북스
For The Ultimate Information

우연히 툴리아로 떠난 아이들은 무사히 현실 세계로 돌아왔습니다. 근데 이걸 어쩌죠? 안타깝게도 고양이 치비는 툴리아에 홀로 남아 있게 되었답니다. 얼른 치비를 구해 오고, 지하실 범인의 정체를 밝혀내기 위해 아이들은 다시 툴리아로 떠날 채비를 하게 됩니다. 이번에는 어떤 새로운 모험이 그들을 기다리고 있을까요?

많은 독자분들이 전편인 '신비한 수학의 땅 툴리아: 지하실의

미스터리'를 읽고, 수학이 좀 더 친근하게 다가왔다는 평을 남겨 주셨는데요. 이번 '기묘한 여름 방학' 편에서도 수학 공부할 걱정 은 하지 않아도 돼요. 그저 이야기에 푹 빠져서 주인공 친구들과 함께 잊지 못할 여름 방학을 보내기만 하면 됩니다. 나도 모르게 어느샌가 수학 개념들이 머릿속에 쏙쏙 박혀 있게 될 거니까요.

자, 그럼 다시 한번 툴리아로 모험을 떠날 준비가 되었나요? 쉿! 요괴들한테 들키지 않게 책장은 조용히 넘겨 주세요.

차 례

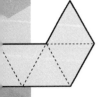

제 1 편

할머니의 고백

2층 창문으로 햇살이 쏟아져 내리고 있다. 봄이 다가왔음을 알리는 한층 따사로운 햇살. 그날의 기억도 다시 떠오른다. 이 창문을 통해 진영이와 처음 마주한 날. 그리고 전혀 상상할 수조차 없었던 새로운 세계에서의 경험. 모든 것이 아직 선명히 소희의 기억에 남아 있다.

잠시 생각에 잠겨 있는 사이, 삐걱거리는 마룻바닥을 지나는 발자국 소리가 들려왔다.

'이제 모든 것을 털어놓을 시간이다.'

예전보다 훨씬 초췌한 모습을 하신 할머니가 방으로 들어오셨다. 몇 달간 병원 신세를 지으시면서 마음고생을 많이 한 탓일 것이다.

할머니는 아무 말 없이 소희 앞으로 다가왔다.

"할머니, 놀라지 마세요."

소희는 차분한 목소리로 이제 나오라고 이야기했다. 그러자, 옆방 문을 열고 진영이와 님프가 모습을 드러냈다.

할머니는 곧바로 님프와 눈을 마주쳤다. 할머니의 동공이 살짝 커지는 것이 느껴졌다. 분명 처음 보는 사이가 아니라는 증거다.

"당신은 분명….''

할머니는 너무 놀란 나머지 말을 잇지 못하였다.

"정말 오랜만이네요. 이렇게 다시 만나게 될 줄이야.''

님프 역시 할머니를 기억하고 있는 것이 분명했다. 한참 동안 두 사람은 서로를 바라본 채 아무 말이 없었다.

소희 일행이 신비한 세계인 튤리아에서 돌아온 이후에도 할머니는 한동안 병원에 입원해 계셨다. 소희로서는 튤리아에서 할머니의 고양이 치비를 되찾아 오고 지하실에 침입했던 범인을 알아내는 것이 시급했다. 하지만 그보다 더 중요한 것은 할머니의 건강과 안정이었다. 그래서 할머니의 퇴원 날까지 일부러 님프의 존재와 치비가 사라진 것에 대해서는 아무 말도 하지 않았다.

"벌써 50년 전 이야기군요.''

할머니가 한동안의 침묵을 깨고 입을 열기 시작했다.

"사실 난 지금 손녀딸처럼 수학을 썩 좋아하지 않는 소녀였지. 숫자나 수학 기호라면 질색이었으니까. 하지만 지하실을 통해 우연히 툴리아에 갔다 오게 된 이후, 수학에 흥미를 갖게 되었다네. 그렇다고 설마 수학으로 박사 학위까지 받게 될 줄은 그땐 꿈도 못 꿨지. 툴리아가 내 인생을 바꿔 놓았어."

할머니도 수학을 좋아하지 않았었다는 말에 소희는 묘한 동질감을 느꼈다. 지금의 소희도 그때의 할머니처럼 수학에 대한 마음이 조금은 바뀌어 있었다.

"근데, 당신은 전혀 늙지 않았구먼. 나는 어느새 이렇게 할머니가 되었는데."

"툴리아에서는 특정 나이가 되면 그 이상 늙지 않아요. 다만, 이렇게 인간 세계에 있는 동안에는 저도 인간들처럼 늙어 가게 되겠죠."

"그렇다면, 그때 그. 이름이 뭐였더라? 그분도 잘 지내고 있는가요?"

할머니의 질문에 소희와 진영이가 서로 눈빛을 교환하였다. 할머니가 말하는 그자는 분명 툴리아를 지배하는 마량일 것이다.

"네, 그분도 변함없이 잘 지내고 계세요."

"기회가 된다면 다시 한번 만나 뵙고 싶다만. 그땐 참으로 고 마웠는데. 몸이 커져 버려서 이젠 툴리아로 통하는 지하실 통로에 들어가기조차 힘들어졌지."

"정말 고마웠다고요?"

잠자코 할머니와 님프의 대화를 듣고 있던 진영이가 소리쳤다. 그들에게 마량은 분명 툴리아의 사악한 지배자였다. 할머니의 기억이 잘못된 것은 아닐까?

"그럼, 고마웠지. 내가 실수로 그분의 땅에 들어갔지만 잔인하고 사악한 요괴들로부터 항상 나를 지켜 주었지."

"네? 그럴 리가요?"

소희도 놀라서 소리쳤다. 지금 같은 사람에 관해 이야기하고 있는 걸까?

"그동안 툴리아에는 많은 변화가 있었어요. 차차 그것에 대해서도 말해드릴게요."

님프의 말에 할머니가 가볍게 고개를 끄덕였다. 소희와 진영이도 여전히 툴리아에 대해 알고 싶은 것이 너무 많았다.

"그래, 근데 우리 귀여운 고양이 치비는 어디로 간 거지?"

할머니가 주변을 두리번거리며 말했다.

"그게…."

소희는 무엇부터 이야기하면 좋을지 머뭇거리기 시작했다. 결국, 그동안 있었던 일들에 대해 최대한 상세하게 할머니에게 털어놓기 시작했다. 가끔 빼먹는 부분이 있으면 진영이가 옆에서 설명을 도왔다.

"이런, 이런. 그런 일들이 있었구먼. 그래서 치비를 데리러 다시 툴리아로 가겠다고?"

"네!"

소희와 진영이가 동시에 힘차게 대답하였다.

"당신 생각은 어떤가요? 지금 그분이 노여운 일들이 많은 것 같은데, 다시 돌아가도 괜찮을 것 같은가요?"

할머니가 걱정스러운 표정으로 님프를 바라보며 물었다.

"네, 본디 악한 분이 아니란 것은 잘 아시잖아요. 당장은 어렵겠지만 시간이 좀 지난다면 마음이 누그러지실 거예요. 그때 다시 툴리아로 가서 치비를 데려오는 게 좋겠다고 생각해요."

소희의 눈앞에 치비의 모습이 아른거렸다. 그러자, 곧 눈물이 왈칵 쏟아질 것만 같았다. 지금 당장이라도 툴리아로 돌아가서 치비를 데려오고 싶었다.

"그럼 언제가 좋죠?"

님프도 마땅한 답을 내리기 어려웠다. 먼저 입을 연 것은 할머니였다.

"그래, 이제 곧 개학이지? 우선, 중학교에 입학한 후 한 학기를 지내 보렴. 그리고 여름 방학에 가 보는 게 어떻겠니? 그때쯤이면 그분도 용서해 주실 거야."

"용서라니요? 저희는 잘못한 게 없는데!"

소희가 반발했으나 할머니는 마량과 님프의 편인 것 같았다.

"치비가 그때까지 괜찮을까요? 여름 방학이면 반년이나 남았는데."

"그건 걱정하지 않아도 돼요. 절대 아무 일 없을 거예요."

님프의 단호한 말에 소희와 진영이는 오히려 안심되었다. 그렇게 소희는 다시 서울로 돌아가고, 진영이는 통영에 있는 중학교에 다니게 되었다. 여름 방학이 올 때까지 각자 자신의 삶으로 돌아가는 것이었다. 님프는 그때까지 할머니 댁에서 함께 지내기로 하였다. 마침 빈방도 많았다. 소희 부모님에게는 할머니 친구의 손녀를 잠깐 맡게 되었다고 둘러대었다.

그렇게 모두 잠시 작별의 인사를 나누게 되었다.

"여름 방학이 오면 꼭 다시 만나요."

제**2**편

다시 만난 세계

중학교에 입학하고 한동안 소희는 새로운 학교생활에 적응하느라 바빴다. 중학교 수업은 초등학교 수업과는 차원이 다르게 느껴졌다. 게다가 새로운 친구들도 사귀느라 정신이 하나도 없었다. 바쁘기는 진영이도 마찬가지였다. 하지만 마음 한구석에 여름 방학을 기다리는 마음만은 두 사람 모두 변치 않았다. 틀리아, 그리고 치비.

그렇게 시간이 흘러, 그들에게 평생 잊지 못할 여름이 찾아왔다. 소희는 다시 홀로 통영 터미널에 내리게 되었다. 지난겨울과는 달리, 반팔과 반바지의 가벼운 옷차림이었다. 이번 여름은 특히 무덥다. 버스에서 내리자마자, 이마에 땀이 송골송골 맺히기 시작했다.

'다들 어떻게 변했을까?'

진영이와 님프를 만나는 것도 거의 반년만이었다. 오랜만에 다시 만날 생각을 하니 조금 어색할 것 같기도 했다.

"소희야, 여기야!"

익숙한 목소리가 들리는 쪽을 바라보니, 멀리서 진영이가 하늘 높이 손을 흔들고 있었다. 못 보던 사이에 키가 많이 자란 것 같았다. 그 옆에 눈부시게 새하얀 피부의 님프가 미소를 띠며 같이 서 있었다. 소희는 얼른 그들 곁으로 달려갔다.

"다들 오랜만이야!"

소희의 얼굴에도 반가움이 가득했다. 문득, 툴리아의 동굴에서 같이 잠을 잤던 기억이 떠올랐다. 걱정했던 것과는 달리, 누구도 전혀 어색하지 않았다. 그렇게 한동안 서로의 안부를 물으며 와자지껄 떠들었다. 모두 각자의 자리에서 잘해 나가고 있었던 것 같았다.

셋은 다시 마을버스를 타고 할머니 댁으로 향하게 되었다. 님프는 이제 통영 사람이 다 된 듯 버스 타는 것도 자연스러웠다. 서양 외국인 같은 피부인데 통영 사람이라니. 조금 재밌었다. 마을버스에서 내리자, 할머니가 정류장까지 마중 나와 계셨다.

"멀리서 오느라 고생했다, 우리 손녀."

소희는 얼른 할머니 품에 안겼다. 할머니는 퇴원한 이후, 건강이 전보다 안 좋아지셨다. 자주 가슴이 두근거리는 증상이 있으신 것 같았다. 바로 그 지하실의 범인 때문이다. 그날 저녁은 할머니 댁에서 모두 함께 먹기로 했다.

"사실, 우리가 장도 보고 요리 준비를 좀 해 놨어."

진영이와 님프가 할머니를 도와 이미 저녁이 거의 준비된 상태였다. 저녁 메뉴에는 소희가 좋아하는 새우튀김도 있었다. 소희는 고맙다고 감사의 인사를 표했다. 식사하는 내내 네 사람의 관심사는 오직 툴리아뿐이었다.

"드디어 내일 다시 툴리아로 간단 말이지. 오늘 밤엔 어쩐지 잠이 안 올 것 같아."

소희는 조금 긴장된 마음이었다. 하지만 곁에 있는 친구들 얼굴을 보자, 마음은 든든했다.

"지난번처럼 지하실에 있는 구멍을 통해 가는 건가요?"

진영이가 할머니 쪽을 바라보며 물었다. 할머니는 가볍게 고개를 저었다.

"아니야. 거기 말고도 툴리아로 연결되는 통로가 또 있어."

"네? 또 있다고요?"

소희가 놀라서 외쳤다.

"사실 할머니께서 50년 전에 툴리아로 온 연결 통로는 여러분이 온 그곳이 아니에요."

툴리아로 이어지는 다른 통로가 있었다니 놀라운 일이었다.

"그게 어디예요? 이번엔 왜 그럼 다른 곳으로 가는 거죠?"

소희의 질문에 님프가 다시 입을 열었다.

"그동안 할머니와 많은 이야기를 나누었어요. 과연 '그분'이 치비를 어디에 두었을까 하고요. 그분은 항상 새로운 자를 받아들이면 먼저 어떤 임무를 수행하게 맡겨요. 그리고 일하는 게 마음에 든다면 자기 가까이에 두는 편이죠."

"그럼 치비도 지금 어떤 일을 하고 있을 거란 말이죠?"

"네, 맞아요. 그게 어떤 일이냐에 따라 치비가 있는 곳도 달라지겠죠. 일단, 가장 가능성이 높은 곳은 놀이공원이에요. 이번에 새로 만들고 있는 놀이공원이요."

"놀이공원?"

뜻밖의 장소라는 생각에 소희는 당황한 표정이었다. 진영이도 어리둥절한 표정인 건 마찬가지였다.

"사실 그분이 처음부터 툴리아를 지배한 건 아니었어요. 조금씩 같은 편을 만들어 나가면서 힘을 얻은 것이죠. 하지만 아직도 그분을 위협하는 공격성 강한 요괴들이 남아 있어요."

"마량보다 힘이 센 요괴가 있단 거예요?"

"네, 어쩌면 힘이 더 셀 수도 있어요. 그래서 그 요괴들이 반란을 일으키지 않고 아무 생각 없이 놀 수 있게 계속 새로운 놀이공원을 만들고 있어요. 여러분도 지난번에 다항식의 놀이동산을 지나쳤던 기억이 있죠? 이번에는 그거보다 훨씬 박진감과 스릴 넘치는 놀이기구들로 가득한 놀이공원을 새로 만들고 있거든요."

"치비가 그곳에서 일하고 있을 것 같단 말이죠?"

소희의 질문에 님프가 가볍게 고개를 끄덕였다.

"네, 맞아요. 그분도 분명 치비의 재주와 능력이 범상치 않다는 것을 눈치챘을 거예요. 그동안 우리의 모습을 다 지켜보고 있었을 테니까요. 그렇다면 치비에게 그토록 중요한 놀이공원을 관리하는 역할을 맡겼으리라 생각해요."

님프의 말에도 일리가 있었다. 하지만 그에 대해 의문을 품은 것은 진영이었다.

"그런데, 마량이 치비를 완전히 신뢰할 수 있을까? 치비의 뛰어난 능력은 분명 마량도 쉽게 파악했을 거야. 그런데, 치비가 마량이 시키는 대로 따를지는 의문이야."

"뭔가 조건이 있었겠죠?"

"조건?"

소희와 진영이가 님프의 얼굴을 뚫어지게 쳐다보았다.

"아무 조건이 없다면 당연히 치비가 마량의 지시에 따를 리가 없겠죠. 그렇지만 만약 놀이공원을 성공적으로 운영한다면 무언가 치비가 원하는 것을 들어준다고 제안했을 수 있겠죠."

"그렇다면 아마 다시 인간 세계로 돌려보내 달라고 했을 것 같아."

소희는 확신할 수 있었다. 치비는 마지막 순간까지 다시 이곳으로 돌아오고 싶어 했다. 치비가 남긴 기다리겠다는 쪽지에는 그러한 간절한 마음이 담겨 있었다.

"그런 소원이었다면 아직은 이뤄지지 않은 것 같네요."

그렇다. 만약 치비가 성공적으로 마량이 지시한 임무를 수행하여 원하는 것을 이루었다면 지금 다시 이곳에 나타났어야 한다.

"이건 님프와 내가 지금까지 추측해 본 것뿐이란다."

할머니가 다시 입을 열었다.

"결국, 진실은 직접 마주하는 수밖에 없지."

할머니의 말이 옳았다. 결국, 직접 툴리아로 돌아가서 치비가 어디에 있는지, 어떤 상황에 놓여 있는지 확인하여야만 했다.

제**3**편

종착역이 없는
직선 열차

"여긴가요? 그 새로운 통로가?"

할머니가 지하실의 칠판을 드르륵하며 옆으로 밀자 칠판 뒤에 작은 구멍이 하나 있었다.

"응, 여기란다. 어렸을 때 내가 툴리아로 갈 수 있었던 통로."

소희의 가슴이 다시 뛰기 시작했다. 사실 오늘 다시 떠난다는 생각에 밤잠을 설쳤다.

"저희 잘 다녀올게요."

"그래, 건강히 다녀오기를 바란다. 님프와도 반년이나 가족처럼 지냈는데 이제 헤어진다니 섭섭하구먼."

"저도요. 꼭 다시 만날 날이 있기를 바라요."

님프와 할머니도 작별 인사를 하고 한 명씩 구멍 안으로 들어가기 시작했다.

"치비를 꼭 데려올게요, 할머니!"

진영이가 마지막으로 할머니에게 인사를 하고 구멍 안으로 들어갔다. 구멍은 굉장히 비좁았다. 절대 어른은 드나들 수 없는 공간. 이 연결 통로를 만든 것이 마량이라면 어른이 자신의 공간에 들어오는 것은 반대한다는 것인가?

지난번에 들어갔던 구멍과는 달리 일직선으로 앞으로만 나아가게 되어 있었다. 조금 기어가다 보니, 천장의 높이가 갑자기 높아졌다.

"이제부터 일어서서 갈 수 있겠어."

"응, 이제 좀 살겠다."

5분 정도 앞으로 더 나아가다 보니, 저 멀리 빛이 보이기 시작했다. 거의 다 도착한 것인가? 지난번처럼 거대한 미끄럼틀이 있지 않을까 걱정했으나 다행히 그대로 걸어서 밖으로 나갈 수 있었다. 점점 밝은 빛이 쏟아져 내렸다. 그곳은 열차들이 요란한 소리를 내며 오가는 기차역 앞이었다.

"휘~~~잉"

기차의 기적 소리가 요란하게 울렸다. 좌우로 수많은 기차가 떠나가고 있었다. KTX 같은 요즘 기차가 아니라 옛날 영화에서

나 볼 법한 기차였다. 기차의 앞부분에는 입을 크게 벌린 흉측한 요괴의 머리 모양이 달려 있었다. 어떤 기차에는 앞부분과 뒷부분에 모두 요괴 머리 모양이 달려 있고 어떤 기차에는 앞부분에만 있기도 했다.

각기 괴상한 얼굴을 한 요괴들이 기차를 타기 위해 줄을 서 있기도 하고 여기저기서 아이스크림을 먹고 있기도 하였다.

"새로 짓는 놀이공원으로 가야 한다고 했죠?"

진영이가 주변 광경을 넋을 잃고 보고 있는 와중에 소희가 말했다. 님프는 원래대로 몸이 작아져 공중에서 날갯짓하고 있었다. 우선, 지금 그들이 와 있는 역의 이름을 알아내는 것이 우선이었다. 저 멀리 '얼음 호수 역'이라 쓰여 있는 안내판이 보였다.

"네, 우리가 가야 할 곳은 도형의 놀이공원이에요."

왼쪽 방향일까? 아니면 오른쪽 방향? 기차는 두 방향으로 움직이고 있었다. 어느 쪽으로 가야 할지 도무지 알 수 없었다.

"지하철처럼 노선도를 보는 게 어떨까?"

진영이의 말에 모두 역 건물 안으로 들어가 보았다. 안내판에는 끝도 없이 많은 역 이름이 쓰여 있었다. 모두 지금 현재 위치인 '얼음 호수'를 찾아보기 시작했다.

"여기 있다!"

··· - 도형의 놀이공원 - 얼음 호수 - 여우의 숲 - ···

"지금 우리가 있는 곳이 '얼음 호수' 역이잖아. 그러니 왼쪽으로 한 정거장만 가면 '도형의 놀이공원' 역이야."

"근데, 뭔가 복잡해. 직선, 반직선 열차? 이 암호 같은 시간표는 대체 뭐야?"

열차 시간표에는 알 수 없는 말들이 가득 적혀 있었다. 뭐가 뭔지 알 수 없었으나 모두 표를 유심히 살펴보기 시작했다.

출발 시간	열차 종류	방향
오후 1시 10분	반직선	$\longrightarrow$ 얼여
오후 1시 12분	직선	$\longleftrightarrow$ 도얼
오후 1시 15분	직선	$\longleftrightarrow$ 도여
오후 1시 17분	선분	$\longrightarrow$ 도얼
오후 1시 20분	반직선	$\longleftarrow$ 얼도

"잘 보니까 직선 열차는 방향이 '$\longleftrightarrow$' 이런 모양으로 양쪽 다 되어 있는데, 반직선 열차는 한쪽으로만 화살표가 있는 듯."

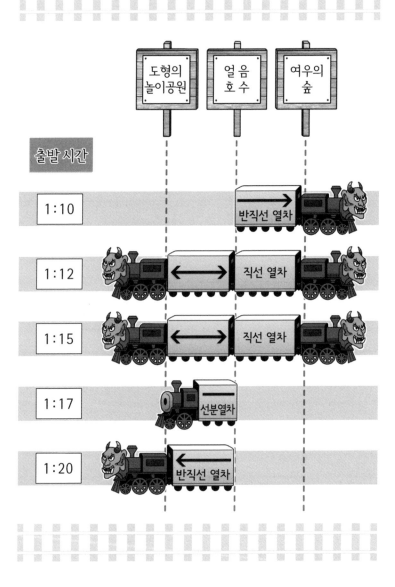

"그렇네. 선분 열차는 아예 화살표가 없어."

진영이와 소희가 차례로 열차 종류와 방향을 살피며 말했다.

"1시 10분에 출발하는 열차는 '얼여'라고 되어 있잖아. 화살표는 오른쪽이고. 그럼 '얼음 호수'에서 '여우의 숲' 방향으로 간다는 거 아닐까?"

"응, 그런 것 같아. 그럼 우리가 가려는 곳과는 반대 방향이야."

"1시 20분 열차는 '얼도'이고 방향이 왼쪽이야. '얼음 호수'에서 '도형의 놀이공원' 방향으로 간다는 것 같아."

반직선 열차는 어떤 식으로 가는 건지 조금 알 것 같았다.

"네, 맞아요. 반직선은 한 방향으로 끝없이 계속 가는 열차예요. 인간 세계의 열차와 달리, 출발지는 있어도 종착지가 없는 것이 특징이지요."

한동안 가만히 지켜보던 님프가 말했다.

"네? 종착지가 없다고요? 그럼 계속 가다 보면 마지막에 뭐가 나오는 거죠?"

"궁금하면 한 번 타 보세요."

님프가 미소를 머금고 말하자, 진영이는 고개를 절레절레 흔들었다.

'님프가 이제 친해졌다고 대답은 안 해 주고 이런 장난이나 치

는군.'

"근데, 그럼 직선 열차는 대체 뭐죠? 1시 12분에 '도얼'이라 쓰여 있어요. '도형의 놀이공원'과 '얼음 호수' 양쪽으로 다 화살표가 있네요."

"어떻게 기차가 양쪽으로 다 가요? 말이 되는 건가?"

소희가 도저히 이해가 가지 않는다는 표정을 지어 보였다.

"그렇네. 직선 열차는 양쪽으로 다 가니까 아무거나 타도 될 것 같은데."

진영이도 이해가 안 갔으나 왠지 양쪽으로 다 간다니 좋아 보였다.

"여기 주의 사항을 보세요."

님프가 가리킨 곳에 빨간 글씨로 '직선 열차 탑승 시 주의 사항'이란 말이 있었다.

직선 열차는 두 개의 영혼을 가진 자만 탑승할 것.

영혼이 하나인 자가 탑승하면 정신이 분열될 수 있으니 주의.

"큰일 날 뻔했다."

진영이가 안도의 한숨을 내쉬었다.

"정신이 둘로 나뉘어서 양쪽으로 이동하는 기차인가 봐. 대체 뭐야 무섭게."

소희도 맞장구를 쳤다.

"직선 열차는 일단 다 빼자."

그렇다면 결국 반직선 열차를 기다려야만 할까? 오후 1시 20분에 출발하는 열차를 타면 '도형의 놀이공원 역'으로 갈 것이다.

"어, 근데 오후 1시 17분에 있는 건 뭐지? 선분 열차라고 되어 있어."

"선분 열차 위에는 화살표가 없어. 그렇다면….'

소희가 의문을 갖자, 진영이가 되물었다.

"안 움직인다는 건가?"

"그럴 리가요. 그렇다면 그게 열차일까요?"

님프가 다시 힌트를 주었다.

"그럼 도형의 놀이공원과 얼음 호수 사이만 다닌다는 거죠?"

소희가 눈빛을 반짝이며 물었다.

"네, 맞아요!"

그렇다면 선분 열차는 얼음 호수에서 도형의 놀이공원으로, 다시 도형의 놀이공원에서 얼음 호수로만 다니는 짧은 구간의 열차인 셈이다. 다른 열차들처럼 끝없이 달리는 열차가 아니라.

"그럼 1시 20분 반직선 열차 말고, 3분 빠른 1시 17분 선분 열차를 타도 될 것 같은데?"

"그게 좋겠네요."

모두 기차표를 사기 위해 매표소 근처로 향했다.

"아 그런데 기차 안에서 반드시 주의해야 할 점이 있어요. 무슨 일이 있어도 여러분이 인간이라는 사실은 꼭 숨겨야 해요. 요괴들만 이용하는 열차니까요."

님프가 다른 요괴들이 듣지 못하게 목소리를 낮춰 말했다.

"네? 근데 누가 봐도 우린 인간처럼 생겼는데."

진영이가 당황한 표정으로 말했다.

"아니요. 사실 진짜 인간을 만나 본 요괴는 거의 없어요. 마치 전설처럼 말로만 들었을 뿐. 근데, 요괴들은 다 서로 다르게 생겼죠? 그러니 인간을 처음 보더라도 그냥 나랑 다르게 생긴 요괴겠구나 하고 넘어갈 거예요."

"그럼 대체 뭘 숨겨야 하는 거죠?"

진영이는 여전히 님프의 말이 아리송하게 들렸다.

"우선, 인간이라고 말하지 마세요. 다른 동네에서 온 요괴라고 하면 되겠죠?"

소희와 진영이가 고개를 끄덕였다.

"그거 하나면 되나요?"

"아, 그리고 혹시라도 기차 안에서 아는 얼굴을 만나면 피하세요. 지난번에 툴리아에 왔을 때 만났던 요괴 중 누군가와 마주치지 않도록 조심하세요. 혹시라도 여러분의 정체를 다른 요괴들한테 밝혀 버릴 수 있으니까요."

'아는 얼굴이 많았던가?'

소희가 가만히 기억을 더듬어 보았으나 별로 문제가 없을 것 같았다.

"도형의 놀이공원 역으로 가는 1시 17분 선분 열차표 세 장 주세요."

눈이 앞으로 튀어나오고 입이 유난히 큰 매표소 직원이 의심쩍은 표정으로 그들을 바라봤다.

"나 원 참, 1시 17분 표는 한 장밖에 안 남았어요. 진작에 왔어야죠."

"네?"

생각지 못한 일이었다. 그렇다면 어쩔 수 없이 1시 20분 열차를 타야 했다.

"그럼 1시 20분 반직선 열차는요?"

"그건 두 장."

그의 말에 모두 당황하였다. 세 장의 표를 살 수 있는 열차가 없었다.

"세 명이 같이 탈 수 있는 열차가 없네요. 좀 나중에 가야 할까요?"

진영이가 안타깝다는 표정을 지으며 말했다.

"큰일이네요. 다음 열차는 오후 7시 이후에나 있는 것 같아요."

님프가 열차 시간표를 보더니 말했다.

"네? 갑자기 그렇게 시간 간격이 생긴다고요?"

"네, 이곳 요괴들은 아침, 점심, 저녁, 밤에 잠깐씩만 일해요. 그래서 오전 9시, 오후 1시, 오후 7시, 오후 10시쯤에 몇 대씩만 열차가 있을 뿐이죠."

참 이상한 곳이다. 오후 7시까지 여기서 기다리는 편이 좋을까? 모두 고민에 빠졌을 때였다.

"그냥 나눠서 가는 건 어떨까요?"

소희가 조심스럽게 입을 열었다.

"위험하지 않을까? 처음 타 보는 열차인데."

진영이는 조금 두려움이 앞섰다. 특히, 저 열차의 머리에 달린 사악한 요괴 얼굴이 왠지 찜찜했다.

"네, 사실 오후 7시 이후에 가게 되면 이미 너무 늦어 버릴 것 같아요. 잠잘 곳도 마땅치 않고요. 괜찮다면 소희 양 말대로 나눠서 가는 게 좋을 것 같아요. 그럼, 누가 선분 열차를 타고 먼저 출발할까요?"

모두 서로의 얼굴을 번갈아 쳐다보았다.

"제가 먼저 갈게요."

소희가 한 치의 망설임도 없이 대답했다. 치비를 위해서라면.

"아니야, 소희야. 내가 혼자 갈게. 넌 님프랑 같이 와."

진영이도 자기가 먼저 타겠다고 말했다. 결국, 서로 먼저 가겠다고 옥신각신하다가 오늘따라 계속 고집을 부리는 소희가 먼저 타기로 했다. 님프가 매표소에서 1시 17분 선분 열차표 한 장, 1시 20분 반직선 열차표 두 장을 샀다.

"열차 안에서는 아무 데나 빈자리에 앉아요."

매표소 직원이 퉁명스럽게 말했다.

"그럼 먼저 도착해서 기다리고 있을게요. 좀 이따 봐요!"

소희는 애써 밝은 표정으로 인사했다. 하지만 누구보다 긴장되고 걱정되는 것이 사실이었다. 열차가 출발할 시간이 가까워지자 소희가 먼저 기차에 올라탔다. 진영이와 님프가 멀리서 걱정스러운 눈빛으로 손을 흔들었다.

제 **4** 편

네 개의 객실과
직각 의자

열차는 소희가 인간 세계에서 타 본 기차와 비슷하게 여러 칸으로 나뉘어 있었다. 특이하게도 객실마다 의자 모양이 조금씩 달랐다.

'이건 선분 열차니까 도형의 놀이공원까지만 가는 거야. 그렇다면 모든 승객이 다 놀이공원 손님이거나 직원일 거란 말이지. 단골손님이라면 이미 치비를 알고 있을지도 몰라. 한번 치비에 관해 물어볼 상대를 찾아봐야지.'

우선, 첫 번째 객실은 '평각실'이라고 쓰여 있었다.

'평각?'

이곳은 의자가 완전히 180도로 눕혀 있었다. 한마디로 침대칸처럼 생겼다.

'여긴 자면서 가는 사람들을 위한 곳인가 보네. 평평해서 평각인가?'

이곳에 자리를 잡은 요괴들은 하나둘 눕더니 금세 코를 골며 자기 시작했다.

'여기서는 대화를 하기 어렵겠어. 다른 칸으로 가 보자.'

소희는 잠자는 요괴들을 살피다 이상한 느낌을 받았다. 인간처럼 생긴 이가 하나 있다. 얼굴을 보고는 깜짝 놀랐다.

'아 그때 봤던….'

그렇다. 밑을 타고 다니던 지수였다. 이마에 숫자가 쓰여 있는 것을 보니 분명 지수가 맞는 것 같았다. 마침 눈을 감고 있었다. 알아보기 전에 빨리 지나치는 게 좋을 것 같았다.

이미 기차가 출발하여 흔들거리기 시작했다. 소희는 얼른 두 번째 칸으로 가 보았다. 그곳은 '둔각실'이라고 되어 있었다. 이곳의 의자들은 뒤로 약간씩 젖혀져 있어서 기대기 편해 보였다. 음악 감상을 하고 있거나 눈 감고 자는 요괴들이 보였다.

'이곳에는 주로 몸집이 크거나 둔해 보이는 요괴들이 많네. 그래서 '둔각'인가?'

이곳에서도 대화할 상대를 찾기는 어려워 보였다. 다음 호실은 '직각실'이었다. 이곳은 우리가 흔히 생각하는 90도로 된 나무

의자들이 있었다.

'여기가 좋을 것 같아.'

소희는 우선, 앉아 있는 승객들의 얼굴을 살폈다. 혹시 아는 얼굴이 있나 살펴보자. 하나같이 처음 보는 얼굴 같았다. 마침 빈자리가 하나 남아 있었다. 옆에는 커다란 검은 모자를 쓴 요괴가 앉아 있었다. 모자 때문에 얼굴이 잘 보이지 않았다.

"놀이공원에 가나 보군요."

그자가 먼저 소희에게 말을 걸었다. 소희가 작은 목소리로 그렇다고 대답했다.

"처음 보는 얼굴인데?"

그자가 소희의 얼굴을 유심히 살펴보기 시작했다. 그 틈을 타 소희도 그자의 얼굴을 보았다. 원숭이처럼 생겼는데, 눈이 횃불처럼 빨갛게 빛나고 있었다. 솔직히 말하자면, 조금 무섭게 생긴 얼굴이었다.

"네, 이번에 처음 놀러 가요. 아저씨는 자주 가시나 봐요?"

최대한 자연스럽게 대화하는 게 중요했다.

"자주라면 자주 가죠."

단골손님일까? 그렇다면 치비에 관해 물어볼 수 있겠다.

"근데, 초청장은 가져왔나요?"

"초청장이요?"

소희로서는 처음 듣는 말이었다. 초청장이 필요하다고?

"놀이공원에 처음 입장하려면 이미 와 본 손님의 초청장이 필요해요. 몰랐나 보군요."

"아, 그래요? 전혀 모르고 있었어요."

님프는 알고 있었던 걸까? 님프도 새로 지은 놀이동산에 대해서는 사실 잘 모르는 것 같았다.

"제가 초청장을 한 장 써 줄까요?"

그자가 음흉하게 웃으면서 소희에게 말했다. 처음 본 이가 갑자기 친절하게 대하면 조심해야겠지? 엄마가 항상 낯선 사람은 조심하라 했는데. 하지만 달리 방법이 없었다.

"혹시 세 장 정도 써 주실 수 있나요? 다른 친구들도 곧 올 거라서요."

그자는 다시 정면을 응시하더니 잠시 동안 아무 말이 없었다. 세 장이나 써 달라 해서 기분이 나빠진 건가?

"초청장은 한 장밖에 쓸 수 없어요. 나머지 친구들은 다른 손님의 초청장을 받아야 할 거예요."

"아, 그렇군요. 그럼 제 것만이라도 부탁드려요."

"네, 이따 역에 내려서 한 장 써 줄게요. 지금은 종이와 펜이 없어서."

"감사합니다."

확실한 건 모르겠지만 일단 기회를 잡아 두는 게 좋을 것 같았다. 혹시라도 놀이공원이 아니라 다른 곳으로 데려가려 한다면 그때는 죽을힘을 다해 도망치자.

"근데 혹시 거기 직원 중에 까만 고양이를 본 적 있나요?"

그자는 소희가 예상치 못한 질문을 했다는 듯이 짐짓 놀란 표정이었다. 빨간 눈이 더욱 붉게 보였다.

"직원이라기는 좀 그렇지만 검은 고양이가 있긴 하죠. 어떻게 고양이에 관해 알고 있죠?"

그자는 소희에게 다소 의심스러워하는 눈빛을 보냈다. 소희가 대답하려는 순간, 갑자기 열차가 멈췄다.

"어, 벌써 다 온 건가요?"

"아니에요. 이곳은 선분 열차의 중점. 딱 중간 지점이에요."

"중점? 그렇다면 얼음 호수와 도형의 놀이공원의 딱 중간 지점이란 말이에요?"

"그렇죠. 이곳에서 잠깐 멈춰 섰을 때 열차에서 일하는 직원들이 교대하죠."

하마터면 여기서 내릴 뻔했다.

"그건 그렇고 고양이는?"

"아, 네. 고양이는 제 친구예요. 그래서 놀이공원에 한번 놀러 가 보려고요."

그자는 조금 이상하다는 듯이 고개를 갸웃했다. 하지만 그 이상 아무 말도 하지 않았다.

'뭔가 찜찜해. 대체 무슨 생각을 하는 걸까?'

소희는 긴장이 조금 풀리자 갑자기 화장실에 가고 싶어졌다.

"저 혹시 화장실은 어느 쪽인가요?"

"뒤쪽으로 나가면 예각실 바로 옆에 있을 거예요."

소희는 서둘러 직각실을 나왔다. 바로 뒤에는 이 열차의 마지막 객실인 예각실이 있었다. 직각실과 예각실 사이에 화장실이 있는 셈이다. 화장실에서 볼일을 보고 나오자 예각실은 어떤 모습일지 궁금해졌다.

'지금까지 호실들을 살펴보면 완전히 뒤로 누울 수 있는 곳, 약간 뒤로 젖혀지는 곳, 의자처럼 직각인 곳이 있었어. 그렇다면 남은 건 앞으로 숙여야 하는 모양? 근데, 그런 의자는 살면서 본 적도 없는데. 불편하기만 할 텐데.'

소희는 직접 예각실에 들어가지는 않고 창문으로 안을 들여다 보았다.

'뭐야 이게!'

순간적으로 너무 놀라서 뒤로 한 발 물러섰다. 지금까지 보았던 편하게 앉아 있거나 누워서 쉬는 요괴들과 달리 이곳의 요괴들은 괴로운 자세로 앉아 있었다. 의자가 앞으로 구부러져서 몸을 움츠리고 앉아 있는 것이다.

'저 아이는 분명!'

소희를 또 한 번 놀라게 한 것은 그 안에 연이가 있었다는 사실이다. 예전에 소희를 속여서 죽이려 했던 바로 그 아이. 그 아이가 왜 여기에 있는 걸까? 연이는 무릎을 양손으로 감싼 채 덜덜 떨고 있는 것 같았다.

'안으로 들어가 볼까? 아니야. 또 나를 속이려 할지 몰라.'

소희는 다시 직각실로 돌아왔다. 눈이 붉은 원숭이 요괴는 조용히 신문을 보고 있었다.

"저기 혹시, 저 예각실에 대해 여쭤봐도 될까요?"

"예각실이요?"

그자는 곧바로 신문을 선반에 내려놓았다.

"네, 왜 저렇게 앞으로 굽은 의자에 불편하게 앉아서 가는 거죠? 덜덜 떨고 있는 애도 있는 것 같은데…."

"정말 몰라서 묻는 건가요?"

그자는 소희를 다시 한번 유심히 살펴보았다. 설마 이곳에 사는 요괴들이라면 모두 아는 당연한 사실인 걸까? 그렇다면 물어보지 말았어야 한다. 인간이라는 정체를 밝힌 셈이니까.

"아 요즘 숲속에서만 살다 보니, 도무지 세상 돌아가는 걸 모르겠네요."

소희는 대충 얼버무렸다.

"뭐, 모를 수도 있죠. 저자들은 우리 요괴들의 노예들이에요. 노예들은 보통 예각실에서 손발이 묶인 채로 이동하게 되죠."

"아…."

연이가 어떤 요괴에게 잡혀서 잔심부름과 집안일을 한다고 했던 것은 사실이었나 보다. 나를 죽이려 하지만 않았어도 구해 줬을 텐데. 어느새, 열차는 도형의 놀이공원 역에 도착하였다. 열차가 멈춰 서자 자리에 앉아 있던 요괴들이 하나둘씩 내리기 시작했다. 소희는 원숭이 요괴를 따라서 내렸다. 승강장은 수많은 요괴로 인해 번잡했다.

"역 안에 종이와 펜이 있을 테니 거기까지 같이 갑시다."

그자를 뒤따라 걸어가는데 멀리서 연이의 모습이 보였다. 연이 옆에는 거대한 요괴가 한 마리 서 있었다. 아마도 저자에게 잡혀 있는 것이리라. 연이 옆의 요괴를 바라보던 소희가 다시 연이 쪽을 보다가 그녀와 눈이 마주쳤다. 소희는 얼른 눈을 피했다.

'설마 날 알아본 건 아니겠지?'

혹시라도 연이가 주인 요괴한테 소희의 정체를 말한다면 위험해진다. 과연 말을 할까? 궁금했으나 다시 뒤를 돌아보는 것도 무서웠다. 결국, 소희는 궁금한 마음을 억누르며 앞만 보고 걸어갔다.

제5편
고양이 룰렛과 맞꼭지각

"이곳에도 펜이 없군요."

소희가 당황한 표정을 지었다. 역에 펜 하나 없다니. 좀 이상
하다.

"나랑 같이 놀이공원까지 가죠. 그러면 거기서는 확실하게 초
청장을 써 줄 수 있어요."

이제 조금 있으면 님프와 진영이가 다음 열차로 도착할 것이
다. 일단, 그때까지는 기다려야 한다.

"아 근데 제가 지금 친구들을 기다려야 해서요."

"친구들은 놀이공원 안에서 기다려도 돼요. 어차피 이 근처에
갈 만한 곳은 놀이공원밖에 없으니까."

이 원숭이 요괴를 따라가도 될까? 소희에게는 아직 의심스러

운 부분이 많았다.

"나는 지금 급한 일이 있어서 서둘러 가 봐야 할 것 같아요. 지금 따라오지 않으면 초청장이 없으니 놀이공원에 아예 못 들어올 수 있어요."

소희는 잠시 망설이며 생각해 보았다. 하지만 아무래도 그건 아닌 것 같았다.

"죄송해요. 저는 여기서 기다려야 할 것 같아요."

그자가 크게 한숨을 푹 내쉬더니, 손목시계를 들여다보았다.

"알겠어요. 그럼, 특별히 나도 잠깐 더 기다려 주죠."

"네, 감사합니다."

잠시 뒤, 다른 열차가 하나 더 승강장으로 들어왔다. 앞부분에 요괴 얼굴이 달린 반직선 열차였다.

'진영이랑 님프도 이제 곧 내리겠지. 잠깐인데도 혼자 있으니 너무 불안해.'

이번 열차에서도 수많은 요괴들이 내리기 시작했다. 여기저기 살펴보아도 진영이와 님프의 모습이 보이지 않았다.

"왜 없지? 그럴 리가 없는데."

옆에서 그자가 초조한 듯이 시계를 바라보았다.

"친구들이 열차에 안 탄 것 같군요. 다음 열차는 7시 이후에나

도착할 거예요. 난 이제 가야겠으니 더 기다리려면 혼자 여기 남아 있어요. 좀 무섭겠지만."

어떻게 된 일일까? 분명 다음 열차를 탄다고 했는데? 요괴들이 다 내리고 열차는 다시 시끄러운 기적 소리를 울리며 저 멀리 떠나갔다. 끝끝내 님프와 진영이는 없었다.

"저도 같이 데려가 주세요."

이렇게 된 이상, 우선 놀이공원에 가 있는 수밖에. 어찌 된 일인지 도무지 알 수 없었다.

"그래요? 진작에 그럴 것이지. 그럼, 같이 갑시다."

원숭이 요괴가 음흉하게 미소 짓고 있었으나 소희는 눈치채지 못했다.

한참을 걷다 보니, 눈앞에 거대한 무언가가 보이기 시작했다. 디즈니랜드가 이런 모습일까? 사실 어렸을 때 이후로 놀이공원에 가 보지 못한 소희에게 이곳은 환상의 나라 같았다. 커다란 성 같은 것이 가운데에 우뚝 서 있고 롤러코스터, 관람차, 바이킹 등 놀이기구들이 보였다.

"잠깐 여기서 기다려요."

그자는 놀이기구 앞 매표소에서 종이를 받아 무언가를 써서 냈다. 소희는 멀리 떨어져 있어서 자세히 볼 수 없었다. 그러자 그자와 함께 소희도 입장을 허락해 주는 것 같았다.

놀이공원에 들어오자마자 원숭이 요괴가 자리에 가만히 멈춰섰다. 소희도 무슨 영문인지 몰라 따라서 그 자리에 멈췄다.

'엥? 무슨 일이지?'

그자의 눈빛이 갑자기 차갑게 바뀌었다. 그러더니, 소희를 노려보며 말했다.

"너 인간이지?"

깜짝이야. 소희는 너무 놀라서 심장이 멎는 줄 알았다.

"네? 아니요. 인간이라니 갑자기 무슨 말씀을….'

"설마 내가 바보도 아니고 그걸 모를까 봐? 틀리아에 대해 제대로 알고 있는 게 하나도 없잖아! 멍청한 인간 같으니라고!"

소희는 너무 당황스러웠다. 대체 어떻게 알아낸 거지? 뭐라 말해야 요괴라 속일 수 있을까?

"아니요. 전 단지 숲속에서만 오래 살던 요정이라."

소희에게 가장 먼저 떠오른 것은 님프였다. 그래, 내가 님프라고 속이는 수밖에.

"네가 님프라고? 그렇다면 틀리아를 통치하는 '그분'에 대해서도 잘 알겠네. 그분이랑 그렇고 그런 사이 아닌가?"

님프가 '그분'이랑 그렇고 그런 사이? 소희는 처음 듣는 이야기다. 일부러 나를 떠보는 건가? 아니면 진짜일까?

"물론, 그분에 대해서도 잘 알죠."

"그분의 이름은?"

그자가 딱딱히 굳은 표정으로 차갑게 물었다. 그분의 이름이라면 '마량'이다. 지난번에 툴리아에서 직접 만난 이후로 잘 기억하고 있다. 하지만 그 이름을 함부로 말해서는 안 된다는 것 또한 잘 알고 있다. 어딘가에서 마량의 졸개들이 그 이름을 부르는 소리를 듣고 나타나 공격할지 모른다.

"'마'로 시작해요. 하지만 전체 이름을 말할 수는 없어요. 그 이유는 잘 아시겠죠?"

그 말을 듣고는 그자가 잠시 무언가를 생각하는 것 같았다. 그러더니, 갑자기 어이없다는 듯이 헛웃음을 지었다.

'무슨 뜻이지?'

소희는 잔뜩 긴장한 채로 그자의 반응을 기다렸다.

"님프였어요? 난 또 인간인 줄 알았잖아요. 아니, 요즘 진짜 숲속에서만 살았나 봐요. 아무것도 모르고."

다행히 님프라고 속인 것이 통한 것 같았다. 겨우 한시름 놓은 셈이다.

"네, 여기는 새로 생긴 곳이라 처음 와 봐요. 아무것도 모르는 게 당연하죠."

그자가 주머니에서 종이를 꺼내더니 소희에게 건넸다. 종이에는 주인, 노예의 이름을 적을 수 있는 칸이 있었다. 아마도 주인 칸에는 자신의 이름을 적은 것 같았다. 그리고 노예 칸에는 '수이'라는 이름이 적혀 있었다.

"아까 매표소에 냈던 종이가 이거예요. 사실 초청장이 아니라 당신을 내 노예라 속이고 들여보낸 거죠. 기차 안에서부터 쭉 얘기를 해 보니, 인간인 것 같길래 노예로 삼으려 했죠. 마침 집안일을 시킬 노예가 하나 필요했던 참이라."

소희는 생각만 해도 섬뜩했다. 대체 뭐 하는 놈이야? 하마터면 평생 이 요괴 밑에서 일하는 노예가 될 뻔했다.

"근데, '그분'과 가장 가까운 님프였다니. 하마터면 큰일 날 뻔했네요. 진작에 좀 말하지."

"말할 기회가 없었을 뿐이에요."

소희의 등에서 식은땀이 주르륵 흘렀다. 빨리 이 녀석과는 헤어지고 싶다.

"그건 그렇고. 치비, 검은 고양이는 어디서 봤다는 거예요?"

"아마 저쪽 환상의 서커스장 근처에서 봤던 것 같아요. 원하면 거기까지 안내해 줄까요?"

소희는 고개를 여러 번 세차게 가로저었다.

"아니, 그냥 혼자 천천히 둘러볼게요. 놀이공원이 잘 지어졌는지 확인도 할 겸."

"네, 그렇게 하시죠. 제가 실례를 했으니, 그 대신 이걸 줄게요."

그자가 건넨 것은 낡은 지팡이였다.

"아마 이 지팡이가 꼭 필요한 순간이 있을 거예요."

그렇게 그자는 정중히 인사를 하고 떠나갔다. 요괴가 멀어진 모습을 보고 나서, 소희는 다리 힘이 풀려서 그대로 자리에 주저앉을 뻔했다. 그자가 준 지팡이 힘에 기대어 겨우 서 있을 수 있었다. 저 요괴는 절대 다시 만나지 말아야지.

이제 혼자가 되어 주변을 둘러보니, 놀이공원 여기저기에는 안내 표지판이 있었다. 소희는 '환상의 서커스장' 방향으로 걸어가기 시작했다. 왼쪽 한편에 여러 마리의 요괴들이 모여 웅성거리는 모습이 보였다.

'뭐 하는 거지?'

소희도 요괴들 사이로 비집고 들어가 뭘 하고 있는지 살펴보았다. 앞쪽에서는 온몸이 털로 뒤덮인 한 요괴가 룰렛 같은 것을 돌리면 손님 요괴들이 다트를 던지는 놀이를 하고 있었다.

"자, 이제 인형이 몇 개 안 남았어요. 빨리들 참여하세요!"

다트를 던져서 맞추면 인형을 선물로 주는 것 같았다. 그런데, 인형의 모양이 많이 친숙했다.

'저거 치비 아니야?'

털북숭이 요괴가 양손에 들고 있는 것은 각각 흰 고양이와 검은 고양이 인형이었다. 그런데, 검은 고양이 인형의 모습이 치비와 꽤 흡사하였다. 왜 하필 치비 인형을 주는 거지? 멈춰 있는 룰렛을 살펴보니 거기에도 고양이가 그려져 있었다.

우선, 위쪽의 룰렛은 동그란 원 위에 십자가 모양으로 네 개의 영역이 나뉘어 있었다. 흰 고양이, 검은 고양이, 흰 고양이, 검은 고양이 순으로 네 영역에 각각 고양이가 그려져 있었다. 아마도 다트를 던져서 맞추면 그 색깔의 고양이 인형을 주는 것 같았다.

"엄마, 나 흰 고양이 인형이 갖고 싶어."

겨드랑이에 날개가 달린 아기 요괴가 소리쳤다.

"그래? 흰 게 갖고 싶다고? 위쪽 룰렛은 두 경계선이 수직으로 만나네. 그러면 직각이 만들어지니까 네 영역의 각이 모두 90도로 같고, 넓이도 모두 같을 거란다."

그 아래쪽에 있는 룰렛은 모양이 조금 달랐다. 위, 아래로는 검은 고양이가 그려져 있고, 양옆에는 흰 고양이가 그려져 있었

다. 위, 아래가 양옆보다 더 넓어 보였다.

"아가야, 이것 봐. 아래쪽 룰렛은 모양이 좀 다르네. 위아래 맞꼭지각이 더 넓어 보이네."

"맞꼭지각?"

엄마 요괴의 말을 듣고 소희가 자기도 모르게 중얼거렸다.

"아, 두 직선이 만나서 생긴 각 중 서로 마주 보고 있는 각을 맞꼭지각이라 불러요. 검은 고양이가 그려진 두 각이 서로 마주 보고 있죠."

"아, 네. 그렇군요. 그게 맞꼭지각."

엄마 요괴의 말을 듣던 소희는 궁금한 게 하나 더 생겼다.

"그럼 혹시 양옆에 흰 고양이가 그려진 부분도 서로 맞꼭지각인가요?"

소희가 아래쪽 룰렛을 바라보면서 물었다.

"맞아요."

"엄마, 빨리!"

옆에서 아기 요괴가 날개를 앞뒤로 흔들며 재촉하기 시작했다.

"아래쪽 룰렛은 검은 고양이가 그려진 부분의 각이 더 넓네요. 위아래 각은 맞꼭지각이라 각의 크기가 서로 같고요. 우리 아들은 흰 고양이를 원하니까 위쪽 룰렛에서 하는 게 그나마 확률이

높겠군요."

엄마 요괴는 위쪽 룰렛으로 향했다. 소희도 위쪽이 아래쪽보다 확실히 흰 고양이 영역이 넓다고 생각했다.

"자, 또 해 보실 분 있나요?"

소희가 얼른 손을 들었다.

"손드신 숙녀 분. 이쪽으로 오세요. 어느 쪽에서 던져 볼래요?"

"저는 아래쪽 룰렛이요."

'수학도 모르겠고 맞꼭지각도 아직 어려워! 그런데, 누가 봐도 아래쪽 룰렛의 검은 고양이 부분이 더 넓잖아! 그럼 난 치비 인형을 갖고 싶으니, 아래쪽 룰렛이 당연히 유리하겠지.'

소희는 잠시 심호흡을 한 다음, 빙글빙글 도는 룰렛에 있는 힘껏 다트를 던졌다. 룰렛이 서서히 멈춰 섰다.

'헉, 뭐야. 하필이면 흰 고양이잖아.'

흰 고양이 그림의 몸에 다트 화살을 맞춘 바람에 흰 고양이 인형을 선물로 받았다.

"아, 흰 고양이는 맞추기도 어려운 건데 거기에 맞아 버렸네."

소희가 울상이 되어 혼자 중얼거리고 있을 때, 아기 요괴의 울음소리가 들렸다.

"아, 나 흰 고양이 갖고 싶다니까!"

엄마 요괴가 아마도 검은 고양이 그림에 다트를 맞춘 것 같았다.

"저기요!"

그렇다면? 소희가 먼저 말을 걸었다.

"네? 맞꼭지각 물어본 아가씨군요."

"혹시 저랑 인형 바꾸지 않으실래요?"

소희는 검은 고양이 인형을 원했기 때문에 마침 서로 원하는 것을 교환하면 되었다. 엄마 요괴도 활짝 웃으며 소희와 인형을 바꾸어 주었다.

소희는 검은 고양이 인형을 받자마자 위아래 앞뒤로 돌려 가며 자세히 살펴보았다. 아무리 보아도 치비와 똑같이 생긴 인형이었다.

'대체 왜 이런 인형을 주는 거지? 치비가 이 놀이공원의 마스코트라도 된 건가?'

인형을 한 손에 쥐자, 왠지 치비가 바로 옆에 있는 것만 같았다. 소희는 아직 님프와 진영이를 만나지 못해 외롭고 쓸쓸한 마음뿐이었다. 그래도 치비 인형 덕분에 조금은 마음이 든든해진 것 같았다.

'조금만 기다려, 치비야. 내가 곧 만나러 갈게.'

제**6**편

끝없이 도는 통나무와 수선의 발

　소희는 다시 기운을 내어 환상의 서커스장을 향해 걸어가기
시작했다. 거의 다 도착했다고 생각할 무렵, 바닥에 펼쳐진 것
은 수없이 많은 통나무였다. 길고 둥그런 통나무들이 계속 멈추
지 않고 빙글빙글 돌면서 앞으로 굴러가고 있었다. 이곳을 지나
야만 환상의 서커스장으로 갈 수 있었다. 하지만 통나무를 그대
로 밟고 지나가다가는 앞으로 고꾸라지거나 뒤로 넘어질 것만
같았다.

　혹시 다른 요괴가 지나가기라도 한다면 따라가 볼 텐데 주변
에는 개미 한 마리 없었다. 단지, '회전 통나무를 지나는 법'이라
는 안내판이 있었다.

통나무와 직각이 되도록 수선을 만드세요.

그러면, 수선의 발이 생겨날 것입니다.

수선의 발에 올라타면 회전 통나무를 무사히 지나갈 수 있습니다.

'이게 대체 무슨 말이야? 수선은 뭐고 수선에 발이 생긴다는 건 또 뭐야?'

님프도 치비도 없으니 도통 수학을 알려 줄 사람이 없었다. 소희는 빨리 모두를 다시 만나고 싶었다. 그래도 지금 이 순간은 혼자 힘으로 해나가야 했다.

'하나씩 생각해 보자. 통나무와 직각이 되라고? 아까 열차에서도 직각실에 앉아 있었지. 직각이라면 의자처럼 90도로 딱 만나는 건데.'

통나무들은 모두 가로로 길게 누워진 형태였다.

'여기에 직각을 만든다면 똑바로 세운 막대기가 필요해.'

그러면 두 선이 만나면서 직각이 될 수 있었다. 주위를 둘러보았으나 그저 황량할 뿐이었다. 막대기 같은 것은 전혀 보이지 않았다. 그런데, 잘 생각해 보니 한 손에 들고 있는 것이 있었다.

"아, 지팡이!"

소희가 조심스레 지팡이를 몸 앞쪽에 놓고 오른손으로 꽉 움

켜잡았다.

　'이대로 통나무 위에 올리면 직각이 될 테니, 수선을 만들 수 있겠지?'

　소희가 빙글빙글 돌고 있는 통나무 중 가장 가까운 것에 지팡이를 꽂았다. 그러자, 지팡이가 통나무 안으로 깊이 박혀 버렸다. 그러면서 지팡이와 통나무가 만나는 부분에서 커다란 발이 하나 불쑥 생겨났다. 마치 거인의 발처럼 크고 못생긴 모양이었다. 통나무들은 계속 앞으로 흘러가고 있었기 때문에 잘못하다가는 지팡이를 놓칠 것만 같았다.

　'갑자기 웬 발? 이게 수선의 발인가? 여기에 올라타라는 건가?'

　수선의 발은 소희가 올라서기에도 충분히 컸다. 지팡이를 움켜쥔 채로 얼른 수선의 발에 올라탔다. 그러자, 소희를 태운 통나무만 회전하지 않은 채로 앞으로 쭉 미끄러지기 시작했다. 결국, 소희는 무사히 끝없이 도는 통나무들을 통과할 수 있었다.

제 **7** 편

고양이와 비단뱀의
외줄 타기

소희의 눈앞에 드디어 서커스 공연장이 나타났다. 공연장 안은 거대한 천막으로 가려져 있었다. 여기에 정말 치비가 있을까? 입구로 보이는 곳의 천막을 밀치고 안으로 들어가 보았다.

공연장 중앙에는 화려한 조명이 비추어지는 무대가 있었고 사방으로 관객들이 앉아서 공연을 지켜보고 있었다. 무대 위에는 상당히 기다란 두 개의 외줄이 달려 있었다. 그리고 그 줄 위에 검은 고양이가 한 마리 올라가 있었다.

'설마?'

그렇다. 호박색 눈동자를 가진 검은 고양이. 치비였다. 외줄 하나에는 치비가 올라타 있었고, 나머지 하나의 외줄에는 거대한 비단뱀이 한 마리 올라타 있었다.

"자, 여러분 오늘의 하이라이트입니다."

어딘가에서 사회자의 목소리가 들렸다.

"지금 두 개의 외줄이 보이시죠? 한 줄에는 고양이, 다른 한 줄에는 비단뱀이 있습니다. 지금 이 비단뱀은 특별히 일주일 동안 굶겨 놓은 상태입니다. 매우 배가 고픈 상태겠죠."

소희는 얼마 전에 보았던 인터넷 기사가 떠올랐다. 비단뱀이 고양이를 잡아먹는다는 끔찍한 이야기.

비단뱀은 외줄을 타고 서서히 치비가 있는 쪽으로 다가가고 있었다. 치비는 비단뱀을 피해 반대쪽으로 빠르게 도망치고 있었다. 소희가 평소 알던 치비의 자신감이 넘치는 모습은 보이지 않았다. 오히려 두려움에 덜덜 떨고 있는 것처럼 보였다. 외줄 아래에는 물속에서 악어들이 입을 벌리고 있었다.

'대체 이게 뭐 하는 짓들이야? 이건 동물 학대잖아!'

소희는 마음이 상당히 불편해졌다. 하지만 여기서 혼자 소리를 친다 한들, 자기편이 되어 줄 요괴는 없을 것 같았다. 대부분의 요괴들이 팝콘을 우걱우걱 씹으면서 쇼를 즐기고 있었다.

"걱정하지 마세요, 여러분. 검은 고양이는 아직 안전하답니다. 지금 두 개의 외줄은 서로 일자로 곧게 뻗어 있습니다. 평행한 상태죠. 평행한 두 직선은 절대 서로 만날 수 없답니다."

사회자의 말대로 비단뱀이 치비 가까이 다가올 수는 있었지만 두 줄 사이의 간격 때문에 직접 공격할 수는 없었다. 그렇지만 치비는 비단뱀이 조금이라도 가까이 다가오면 외줄의 반대쪽으로 재빨리 몸을 옮겼다. 자기 근처에 오는 것만으로도 끔찍하게 느끼는 것이 분명했다.

갑자기 둥둥거리며 북이 마구 울리는 소리가 들렸다. 마치 긴장을 고조시키려는 것 같았다. 소희의 심장 소리도 북소리를 따라 점점 빨라지는 것 같았다.

"근데 여러분. 이대로 끝나면 재미가 없겠죠?"

관객 요괴들이 사회자의 질문에 아우성을 쳤다.

"그럼 본격적으로 시작해 보죠. 자, 한쪽 줄을 옮겨 주세요!"

그러자, 한 요괴가 비단뱀이 올라타 있는 외줄의 한쪽 끝을 잡았다. 그러고는 치비가 올라타 있는 줄을 지나쳐서 서로 엇갈리는 부분을 만들었다. 이제 한 줄에서 다른 줄로 넘어갈 수 있게 된 것이다.

치비는 겁에 질려 외줄의 끝부분으로 도망쳤다. 비단뱀은 치비가 있는 외줄로 넘어오려는지 빠르게 몸을 움직이기 시작했다.

'제발, 그만.'

소희는 거의 울음이 터질 것만 같았다.

"자, 여러분. 평행이었던 두 선 중 하나를 조금만 옮겨도 두 선은 한 점에서 만나게 되지요."

비단뱀이 두 외줄이 만나는 점까지 거의 다가왔다. 곧 치비의 줄로 옮겨 탈 기세였다. 치비는 외줄 끝에서 두 눈을 질끈 감고 있었다. 비단뱀이 거의 넘어오기 직전이었다. 그때, 비단뱀의 외줄 양쪽 끝에 있던 요괴들이 비단뱀의 외줄을 동시에 위로 힘껏 올렸다. 이제 두 줄 사이에는 위아래로 간격이 생겨 버렸다.

"이대로 끝내기는 아쉽죠. 자, 이번엔 서로 꼬인 위치를 만들어 보았습니다. 서로 평행하지도 않고 만나지도 않지요."

마음이 급해진 비단뱀은 아래에 있는 치비의 외줄로 옮겨 타기 위해 그대로 몸을 던졌다. 하지만 아래 외줄에 매달리지 못하고 그대로 미끄러져서 바닥의 물속으로 빠져 버리고 말았다. 그대로 악어 밥이 되어 버리고 만 것이다. 뱀이 떨어지는 모습을 보며 관객 요괴들은 환호성을 질렀다.

"아, 아쉽네요. 일주일을 굶겼더니 마음이 급했군요. 좀 더 쇼를 즐기다가 오늘은 검은 고양이를 저녁밥으로 선물하려 했는데요."

치비가 겨우 눈을 떴다. 아직 다리가 후들거리고 있었다.

'치비, 대체 언제부터 이런 끔찍한 일을 당하고 있었던 거야?

오늘은 무슨 일이 있어도 여기서 나가게 해 줄게.'

소희가 울분을 참으며 다짐했다.

"그럼 오늘 쇼는 여기서 마치도록 하겠습니다."

서커스 쇼가 끝나자 두 마리의 요괴가 양쪽에서 치비의 양 앞 다리를 잡았다. 그리고 치비를 다시 작은 철창으로 된 우리 안에 가두었다. 치비는 이미 체념한 듯이 별다른 저항도 하지 않았다.

제 **8** 편

우리 속에 갇힌
동물들

관객 요괴들이 서서히 공연장을 빠져나가고 있었다. 소희는 서커스단이 치비를 어디로 데려가는지 알아내야 했다. 밖으로 나가다가 뭔가를 놔두고 간 것처럼 다시 관객석으로 돌아왔다. 관객석은 뒤로 갈수록 점점 높아지는 계단식 구조였다. 맨 뒷줄에 있는 의자 뒤쪽에 쭈그리고 앉아 있으면 무대 쪽에서는 잘 보이지 않을 것 같았다.

"오늘은 저 고양이 목숨이 끝나는 줄 알았더니 운이 좋네."

"그러게 말이야. 멍청한 뱀이 그대로 미끄러져 떨어지다니. 밥을 오랫동안 굶겼더니 다리 힘이 다 빠졌나 봐."

"뱀이 다리가 어딨어? 아무튼 다음엔 3일 정도만 굶겨야겠지? 호호."

서커스 단원들끼리 웃고 떠들며 공연장 정리를 하고 있었다. 한 요괴는 두 개의 외줄을 들고, 다른 요괴는 치비가 들어가 있는 우리를 들고, 무대 뒤쪽의 빨간 커튼 안으로 들어갔다. 그러고는 다시 나오더니 공연장 밖으로 나갔다.

'공연장 뒤쪽에 그대로 두고 나간단 말이야?'

그동안 어두운 커튼 뒤에서 밤을 지새웠을 치비를 생각하니 안쓰러운 마음이 들었다. 하지만 소희는 그러한 마음보다 분노가 더 치밀었다. 잠시 뒤, 공연장의 불까지 완전히 꺼졌다. 모두가 떠난 것 같았다. 어두운 서커스장 안에 혼자 있는 것이 무서웠다. 어둠 속에 적응할 때까지 잠시 가만히 기다렸다. 조금 지나자 어둠에 익숙해져서 관객석의 계단에서 조심스레 내려올 수 있었다. 사방이 고요했다. 커튼 쪽으로 점점 다가가자 짐승의 울음소리, 철창이 흔들리는 소리가 뒤섞여서 들렸다.

'치비만 홀로 있는 게 아니야. 다른 동물들도 갇혀 있나 봐.'

조용히 커튼을 살짝 젖히자 사방에서 동물의 눈동자가 빛나고 있었다. 소희의 움직임을 보고 여기저기서 마구 울부짖기 시작했다.

'으악, 무서워. 어두운 산속에서 늑대떼를 만난 것 같은 기분이야.'

눈동자의 개수는 모두 10개. 그렇다면 적어도 5마리의 동물들이 갇혀 있다는 것이었다. 치비가 어디에 있는지는 어두워서 알 수 없었다.

"치비! 어디야? 나야, 소희!"

소희의 목소리를 듣자 어둠 속의 동물들이 더 심하게 울부짖기 시작했다.

"뭐? 정말 소희라고?"

한쪽 구석에서 놀란 치비의 목소리가 들렸다. 소희가 재빨리 목소리가 들리는 쪽을 바라보았다. 검은 고양이라 몸은 잘 보이지 않지만 치비의 호박색 눈동자를 찾을 수 있었다.

"어, 나야. 근데, 어두워서 잘 보이지 않아."

"지금 서 있는 곳에서 오른쪽으로 열 걸음 정도 가면 선반이 있어. 그 위에 손전등이 있을 거야."

치비의 말대로 소희는 조심조심 오른쪽으로 열 걸음 이동했다. 그리고 어둠 속에서 선반 위를 짚어 보자 손전등같이 생긴 것이 하나 보였다. 스위치를 켜서 조심스레 동물 우리를 비추어 보았다. 그곳에는 호랑이, 표범, 곰, 원숭이, 고양이가 갇혀 있었다. 이상하게도 원숭이만 2층에 있는 우리 안에 있었다. 오른쪽 가장 끝에 있는 검은 고양이를 다시 비추었다. 드디어 다시 만나게 된 치비였다.

"치비, 이제야 와서 미안해. 이럴 줄 알았으면 더 빨리 오는 건데."

소희가 울먹이며 치비가 갇힌 우리 앞으로 다가갔다.

"아니야, 사실 서커스를 시작한 지는 얼마 안 되었어. 와 줘서 고마워."

치비가 갇힌 우리에는 비밀번호가 걸린 자물쇠가 달려 있었다.

"이거 비밀번호가 뭐지?"

"아까 그 선반에 서랍 있지? 그 안에 비밀번호가 적혀 있는 것 같아."

소희가 다시 선반으로 가 서랍 문을 열고 손전등을 비추었다. 그 안에는 무언가 잔뜩 적혀 있는 종이가 있었다.

"호랑이, 표범, 곰…. 고양이 우리 비밀번호! 가장 밑에 있네."

< 고양이 우리 비밀번호 >

앞자리 : 우리의 앞면과 평행인 면의 개수

뒷자리 : 우리의 앞면과 수직인 모서리 개수

"우리의 앞면과 평행인 면의 개수라. 아까 사회자가 평행이라

비밀번호 앞자리

앞면과 평행한 뒷면

비밀번호 뒷자리

앞면과
수직인
모서리

는 것은 서로 나란하게 있어서 만나지 않는 거라고 했어. 나머지 면들은 다 우리 앞면과 만나. 하지만 뒷면은 만나지 않잖아. 그럼 1개겠지."

"비밀번호가 1이라고?"

치비가 멀리서 소리쳤다.

"아니, 비밀번호가 두 자리 숫자로 이루어진 것 같아. 또 하나의 숫자는 '우리의 앞면과 수직인 모서리 개수'야."

"수직이면 직각을 만들 테니까. 그건 4개겠지?"

치비가 손쉽게 답을 찾아냈다. 그렇다면 비밀번호는 14. 소희가 얼른 달려가서 비밀번호 두 자리를 눌렀다. 그러자 철컹하고 자물쇠가 열렸다. 우리의 문을 열자 치비가 밖으로 빠져나올 수 있었다.

소희는 얼른 치비를 부둥켜안았다. 치비는 많이 쑥스러운 듯 먼 곳을 바라보며 가만히 몸을 내어 주고 있었다.

"근데 다른 동물들은 어쩌지?"

소희가 걱정 어린 눈빛으로 말했다.

"이렇게 억지로 서커스를 하게 놔둘 수는 없어. 하지만 맹수들을 풀어 주었다간 당장 우리가 위험해질 수 있을 것 같아. 밥을 조금씩 줘서 다들 굉장히 굶주린 상태거든."

"그럼 우리끼리만 도망가?"

"아, 저기 2층에 할아버지 원숭이가 있어. 나이가 많으셔서 요즘 힘들어하시거든. 그분은 풀어드리자."

소희가 치비에게 원숭이 우리 비밀번호가 적힌 쪽지를 건넸다. 치비는 일단 종이를 손에 쥐고 계단을 오르기 시작했다.

"밑에서 기다리고 있어."

밤눈이 밝은 치비가 혼자 계단을 오를 생각이었다.

그때였다. 밖에서 누군가의 목소리가 들렸다. 누가 다시 찾아온 것 같았다.

"여기로 오는 것 같아."

치비를 힘들게 꺼내 주었는데 하필 이때 누가 다시 오다니! 치비가 다시 우리 안에 들어가야 저들에게 들키지 않을까? 하지만 치비는 이미 거의 2층으로 올라갔기 때문에 돌아올 시간이 부족했다. 당황스러운 순간, 소희에게 순간적으로 좋은 아이디어가 떠올랐다.

'이 인형이라면.'

검은 고양이 인형을 우리 안에 집어넣고 얼른 자물쇠를 잠갔다. 어두운 곳에서 보면 마치 잠자고 있는 고양이 같았다.

"계단 뒤로 숨어!"

치비가 낮게 속삭였다. 소희는 얼른 계단 뒤 공간으로 숨었다. 치비도 2층에 있는 계단 뒤에 숨었다.

"대체 어디로 갔지?"

아까 사회를 봤던 요괴의 목소리다. 빨간 커튼 안으로 들어온 것처럼 가까이서 목소리가 들렸다. 소희는 숨도 참은 채 가만히 웅크리고 앉아 있었다. 설마 치비가 없어진 것을 벌써 알아챈 거야? 고양이 인형이 티가 났던 건가?

쿵쿵거리는 요괴의 발걸음 소리가 점점 소희와 가까워지는 것 같았다. 소희는 두 눈을 질끈 감았다. 설마 이쪽으로 오는 건가?

"아, 여기 있었구나."

요괴의 목소리에 소희는 반사적으로 고개를 들고 눈을 떠보았다. 설마 나를 보고 말한 건 아니겠지? 다행히도 눈앞에 요괴의 모습은 보이지 않았다.

요괴는 무언가 놔두고 간 게 있었던 모양이다. 주위를 둘러보는 듯 잠시 아무런 움직임도 없었다. 제발 빨리 떠나라. 얼마 지나지 않아 요괴는 커튼 밖으로 다시 사라져 버렸다.

"휴."

소희는 숨이 멎는 줄 알았다. 혹시 몰라서 그가 공연장에서 나가는 문소리가 들릴 때까지 가만히 기다렸다.

"근데, 이 뒤에 공간이 있는 건 어떻게 알았어?"

요괴의 발소리가 더 이상 들리지 않을 때, 소희가 치비에게 물었다.

"머릿속으로 수백 번 탈출 계획을 세워 봤어. 만약 문제가 생기면 숨어 있을 곳도 여기저기 생각해 봤고."

소희는 한 학기가 지나서야 찾아온 것이 다시금 미안해졌다.

"그냥 갇혀만 있던 건 아니었구나. 근데, 우리가 숨은 공간에 생긴 각의 크기가 1층, 2층 똑같나 봐!"

"1층과 2층 바닥이 평행해서 그렇지."

"응? 갑자기 평행? 그렇지. 바닥은 둘 다 일자로 평평하니까."

"계단이 하나의 직선이라 생각해 봐. 그러면 계단 때문에 위아래 같은 위치에 각이 생기지."

"응, 그런 건가?"

소희는 아직 좀 아리송했다.

"두 층의 바닥도 직선이라고 생각해 봐. 계단이라는 다른 한 직선이 두 바닥을 만나면서 각이 생기는 거야."

"그래서 우리가 위아래로 각각 숨을 수 있었던 거지?"

소희가 자신이 숨은 공간을 각이라 생각해 보며 말했다.

"응. 그렇게 같은 위치에 있는 두 각을 '동위각'이라고 해."

"동위각? '동'일한 '위'치에 있는 '각'이란 말인가?"

처음 듣는 말이었으나 왠지 그런 뜻이 아닐까 싶었다.

"어 맞아. 동위각끼리는 그래서 크기가 같아."

"항상 같은 거야?"

"아니, 두 직선이 평행할 때만. 1층, 2층 바닥은 보통 평행하잖아. 그러면 같아. 만약 한쪽 바닥이라도 약간 기울어져 있다면 동위각도 크기가 다를걸."

소희는 입으로 동위각이란 말을 중얼거렸다. 최대한 많은 개념을 알아 둬야지. 여기서 무사히 빠져나가려면!

"아, 그런데 동위각 말고 또 다른 각도 있어? 이왕 배운 김에 더 알아 두려… 으악! 저게 뭐야?"

치비가 올라간 계단 쪽을 바라보던 소희가 소스라치게 놀랐다. 2층 바닥 밑에 무언가가 매달려 있었다.

"뭐, 그렇게 놀랄 거 없어. 평범한 박쥐일 뿐이야."

"박쥐? 좀 무서운데."

박쥐는 두 눈을 감은 채 거꾸로 매달려 있었다. 자세히 보니, 한쪽 발이 천장에 묶여 있는 것 같았다.

"무서울 거 없어. 다람쥐나 박쥐나 비슷하지 뭐."

"전혀 안 비슷한 거 같은데."

소희가 정색하며 말했다.

"동위각 말고 다른 각이 궁금하다고? 지금 너랑 박쥐의 위치가 서로 엇각이야."

"엇각? '엇'갈린 '각'이란 뜻인가?"

"응, 너 수학 감각이 좋은데. 하나는 2층 바닥에 거꾸로 매달리고 다른 하나는 계단 아래에 숨은 듯한 모습. 그게 바로 엇각이지."

치비는 소희와 말을 하면서 할아버지 원숭이가 갇힌 우리로 차츰 다가갔다.

"할아버지, 괜찮으시죠?"

"치비, 얼른 너희끼리 도망가! 나는 이제 다 늙어서 틀렸어. 빨리 달릴 수도 없고."

할아버지 원숭이가 목을 콜록거리며 말했다.

"아니에요. 저희가 도와드리면 같이 도망칠 수 있어요."

치비는 비밀번호가 적힌 쪽지를 펼쳤다.

"앞자리는 우리 앞면의 위쪽 모서리와 평행인 모서리의 개수라."

치비는 우리를 둘러보며 하나씩 개수를 세 보기 시작했다. 총 3개였다. 그렇다면, 비밀번호 앞자리는 3이었다.

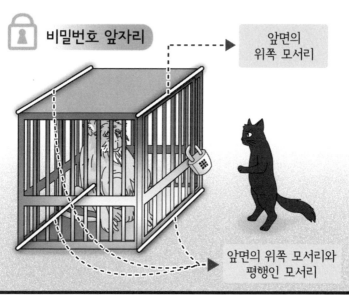

비밀번호 앞자리

앞면의
위쪽 모서리

앞면의 위쪽 모서리와
평행인 모서리

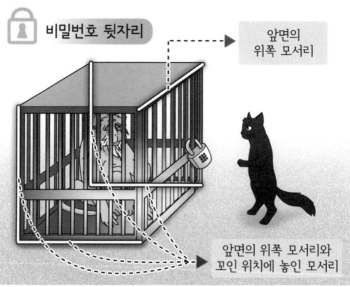

비밀번호 뒷자리

앞면의
위쪽 모서리

앞면의 위쪽 모서리와
꼬인 위치에 놓인 모서리

"뒷자리는 우리 앞면의 위쪽 모서리와 꼬인 위치인 모서리의 개수? 좀 복잡하네. 일단, 평행인 애들 3개는 빼고. 앞면 위쪽 모서리와 만나는 애들도 4개 빼야겠지. 그럼 남는 것은 이렇게 4개야."

비밀번호는 34. 치비는 천천히 두 숫자를 눌렀다. 그러자 자물쇠가 철컹하면서 열렸다. 할아버지 원숭이의 한쪽 눈에서 눈물이 주르륵 흘러내렸다.

"내가 두 살 때 이 서커스단에 붙잡혀 왔지. 물구나무서기부터 외줄 타기, 자전거 타기, 재주넘기. 하루에 10시간씩 훈련받고 조금이라도 잘못하면 채찍을 맞기 일쑤였어."

치비가 자세히 살펴보자, 할아버지 원숭이의 온몸에 미세한 흉터 자국들이 보였다.

"이제 늙은 몸으로 자유로워진다 한들, 혼자 살아갈 용기도 자신도 없어."

할아버지 원숭이의 눈빛이 애처로워 보였다. 평생을 서커스단에서 살아왔으니 우리 밖 세상에 대한 두려움도 있겠지. 하지만 치비가 우연히 며칠 전에 요괴들끼리 속삭이던 말을 들었던 것이 떠올랐다. 분명 "저 늙은 원숭이는 이제 쓸모가 없어. 기력이 딸려서 묘기도 못 부리고 밥만 축내는 놈이야. 조만간 악어 밥으로 줘야지."라고 말했다.

　이대로 두었다간 요괴들이 가만두지 않을 거야. 치비는 말없이 할아버지 원숭이의 손을 잡고 앞으로 끌어당겼다. 할아버지 원숭이도 알겠다는 듯이 치비의 힘에 이끌려 우리 밖으로 걸어 나왔다.

제 9편

삼각형 돌과
암벽 등반

치비는 계단을 내려오면서 박쥐의 묶인 다리도 풀어 주었다. 박쥐는 고맙다는 뜻으로 날개를 몇 번 퍼덕이더니 밖으로 자유로이 날아가 버렸다. 치비는 혹시 모를 위험에 대비하여 선반에서 칼을 하나 챙겨서 허리에 찼다.

"다른 맹수들도 꼭 풀어 주러 다시 오자."

치비의 말에 소희가 고개를 끄덕였다. 서커스 공연장 뒤편으로 나오자 잔디밭이 깔린 커다란 공터가 있었다. 어느새 주변은 어두컴컴해진 상태다. 저 멀리 거대한 담벼락이 보였다.

"놀이공원 안에는 요괴들이 많이 있어서 뒤쪽으로 나가야 할 것 같아. 특히, 내 인형이 여기저기 있어서 내 얼굴을 바로 알아볼 거야."

소희와 치비, 그리고 할아버지 원숭이는 담벼락을 향해 걸어가기 시작했다.

"응, 그런데 이 담벼락을 어떻게 넘어가지? 서커스장을 탈출해도 나갈 수 없게 되어 있었네."

"그렇지. 마치 거대한 감옥 같아."

치비는 한쪽 구석으로 일행을 이끌었다.

"이 공터에서 서커스 훈련을 많이 하거든. 그때 유심히 봐 뒀는데, 담벼락을 고칠 때 쓰는 사다리가 하나 있을 거야."

치비 말대로 담벼락 한구석을 유심히 살펴보니, 사다리 하나가 눕혀 있었다. 소희와 치비, 할아버지 원숭이가 힘을 합쳐 사다리를 벽에 기대 세웠다. 하지만 사다리의 높이는 담벼락의 중간 정도까지밖에 닿지 않았다.

"헉. 많이 모자르잖아!"

소희가 소리쳤다.

"아니, 괜찮아."

치비는 이미 예상했다는 반응이다.

"사다리로는 중간까지만 올라가면 돼. 담벼락 위쪽에 박혀 있는 것들 보이지?"

치비의 말대로 담벼락에는 알록달록한 삼각형 모양의 돌들이 여기저기 박혀 있었다. 달빛 아래 제각기 밝게 빛나고 있었다.

"저게 뭐야? 은근히 예쁘네."

"혹시 암벽 등반해 봤어?"

"아니, 해 봤을 리가!"

그러고 보니, 예전에 TV에서 실내 암벽 등반을 하는 모습을 보았던 기억이 났다. 그곳에도 저렇게 형형색색의 돌들이 박혀 있는 것 같았다.

"저걸 밟으면서 넘어가면 돼."

좀 위험해 보였지만 달리 방법이 없었다.

"너희들! 근데, 조심해야 할 것이 있어."

잠자코 있던 할아버지 원숭이가 드디어 입을 열었다.

"네?"

"예전에 나랑 같이 잡혀 온 개코원숭이 친구가 저 담벼락을 넘어 탈출하려다 요괴들한테 잡힌 적이 있었지."

"그럼, 뭘 조심해야 하는 거죠?"

소희가 약간 겁먹은 표정으로 물었다.

"일단, 하나의 삼각형 돌을 밟았으면 계속 그 삼각형 돌과 합동인 돌을 밟아야만 해."

"합동?"

소희는 처음 듣는 '합동'이란 말의 뜻이 궁금해졌다.

"처음 돌과 완전히 똑같은 모양과 크기의 돌만 밟아야 한단다. 그게 합동이지. 만약 다른 모양의 돌을 밟는 순간, 발이 그 돌에 그대로 붙어 버릴 거야."

할아버지 원숭이의 말이 섬뜩하게 들렸다. 그렇다면 그 도망치려던 개코원숭이는 담벼락에 붙어 버린 채로 생포되었단 건가?

"할아버지 원숭이 말씀이 맞아. '합동'을 잊어서는 안 돼. 그럼 내가 먼저 해 볼게."

치비가 앞으로 나섰다. 한 발 한 발 사다리의 끝까지 올라갔다. 그러자, 여러 개의 삼각형이 눈앞에 보였다. 삼각형들은 모양, 위치, 방향이 제각각이었다.

'같은 방향을 하고 있다면 똑같은 모양인지 좀 더 쉽게 알 텐데!'

소희는 제멋대로 붙어 있는 삼각형들이 불만이었다. 그 대신 삼각형에는 길이와 각이 적혀 있었다. 치비가 먼저 한 삼각형에 발을 올렸다.

"변의 길이는 6㎝와 8㎝로 2개, 각의 크기는 70도로 1개밖에 알려

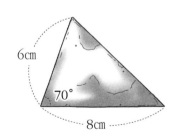

주지 않았어! 저것만 보고도 같은 삼각형을 찾을 수 있다는 거야?"

소희가 고개를 들어 치비를 바라보며 소리쳤다.

"응. 두 변의 길이와 그 사이에 끼인각만 같다면, 모두 합동인 삼각형이야."

치비는 다음에 발을 디딜 삼각형 돌을 살펴보았다. 처음 돌과 합동인 것을 찾아야 했다. 일단, 발이 닿을 만한 위치에 두 개의 돌이 보였다.

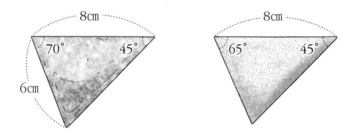

"왼쪽에 변의 길이가 8㎝, 6㎝, 그리고 사이가 70도인 게 또 있어!"

치비가 기쁜 마음에 소리쳤다.

"아 그럼 다른 쪽에 45도가 있어도 상관없는 거야?"

"어, 중요한 건 두 변의 길이와 그 사이의 각도가 같다는 거야. 다른 부분에 어떤 게 있더라도 상관없어. 두 삼각형 돌은 크기와 모양이 분명 같을 거야."

치비는 두 번째로 왼쪽 삼각형 돌에 발을 내디뎠다. 이제 하나만 더 밟는다면 담을 넘을 높이까지 오를 것 같았다. 다시 한번 눈앞에 보이는 삼각형들을 유심히 살폈다.

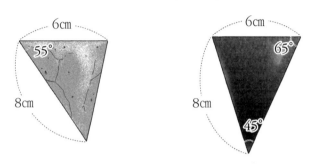

"일단, 왼쪽 삼각형은 끼인각이 다른 것 같아. 55도가 아니라 70도여야 하겠지?"

소희가 소리쳤다.

"응, 맞아. 왼쪽은 아니야."

"근데, 오른쪽 삼각형은 6㎝, 8㎝는 똑같은데 끼인각이 안 쓰여 있네. 다른 두 각만 쓰여 있는데 어쩌지?"

"흠, 삼각형의 세 각을 더하면 항상 180도가 나오지."

멍하니 지켜보던 할아버지 원숭이가 다시 입을 열었다.

"그게 무슨 상관이죠?"

"상관이 있고말고. 지금 삼각형의 두 각이 65도와 45도잖아. 그럼 나머지 한 각까지 더했을 때 180도가 나와야 한다는 말이네!"

"아, 그럼 끼인각은 180도에서 65도랑 45도를 빼면 알 수 있는 건가요?"

"그렇지!"

180-65-45 = 70. 그렇다면 오른쪽 삼각형도 끼인각이 70도란 말이다. 처음 삼각형과 합동인 삼각형이었다. 치비가 마침내 오른쪽 삼각형 돌에 발을 디뎠다. 그러고는 담벼락 꼭대기에 올라섰다. 그러자 치비가 밟았던 세 개의 삼각형 돌들은 담벼락 안으로 서서히 들어가 버렸다. 다음 사람이 치비와 같은 돌들을 밟고 올라갈 수는 없는 것이었다.

"생각보다 할 만하네."

"잘했어, 치비!"

소희는 치비가 다시 생기를 찾은 것 같아 뿌듯했다. 이번에는 소희가 할아버지 원숭이에게 먼저 올라가시라고 양보했다. 하지만 그는 계속 고개를 가로저을 뿐이었다. 소희에게 먼저 가라는 것이었다.

결국, 소희가 먼저 사다리에 올랐다. 처음 발을 올린 삼각형에는 세 변의 길이만 적혀 있었다.

"잘 골랐어, 소희야."

치비가 활기찬 목소리로 말했다.

"응? 잘한 건가?"

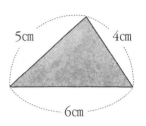

"세 변의 길이가 정해지면 오직 하나의 삼각형만 될 수 있어. 그럼 앞으로 계속 세 변이 같은 것만 찾으면 돼."

이번에 소희 눈앞에 보이는 삼각형 돌은 두 개였다.

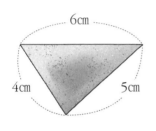

"겉으로 봤을 때는 둘 다 비슷해 보여."

"세 변의 길이만 알고 있으면 절대 각도에 속으면 안 돼! 세 변의 길이가 같은 것만 찾아!"

길이만 생각하라고? 치비의 말에 따라, 소희는 왼쪽 돌을 밟았다. 처음 돌과는 방향이 조금 다른 것 같았으나 크기와 모양은 같아 보였다. 이제 한 번만 더 올라서면 됐다.

"뭐야, 굉장히 쉽잖아."

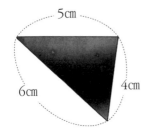

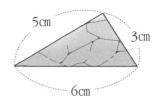

소희는 이번에도 세 변의 길이가 6cm, 5cm, 4cm인 왼쪽 돌을 밟았다. 세 번째 돌을 밟고 있는 소희에게 치비가 몸을 숙여 앞발을 내밀었다. 소희가 얼른 치비의 앞발을 잡고 담벼락 위로 올라섰다. 마침내 소희까지 무사히 담벼락 위에 오른 것이다. 이제 할아버지 원숭이만 남았다. 그가 우선 한 돌 위에 발을 올렸다.

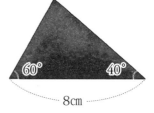

"한 변이랑 양 끝 각을 알 수 있는 삼각형을 택하셨군요!"

치비가 담벼락 위에서 소리쳤다. 할아버지 원숭이 앞에도 두 개의 삼각형이 눈에 띄었다.

"일단, 왼쪽 것은 변이 2개, 각이 1개니까 아닌 것 같고."

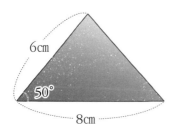

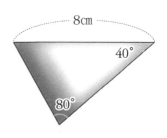

소희가 왼쪽 돌을 보고 말했다. 치비는 오른쪽 삼각형을 살펴보았다.

"오른쪽 삼각형은 8㎝는 똑같은데, 80도인 각이 문제군. 8㎝인 변의 대각일 뿐이야."

"그렇지. 8㎝인 변과 마주 보는 각이니 대각이지. 나머지 한 각을 구해야겠구먼."

할아버지 원숭이가 낮게 깔린 목소리로 말했다.

"삼각형에서 두 각의 크기를 알면 나머지 하나도 알 수 있다고 했지?"

"응, 180도에서 두 각의 크기를 빼 주면 되잖아!"

"$180 - 40 - 80 = 60$. 60도야. 그럼, 8㎝의 양 끝 각이 40도와 60도니까 처음 삼각형과 합동이야."

할아버지 원숭이가 마침내 오른쪽 삼각형 돌에 한 발 올라섰다. 그때였다. 치비가 나지막하게 외쳤다.

"소희야, 빨리 반대쪽 담벼락 아래로 뛰어내려!"

소희는 생각할 겨를도 없이 엉겁결에 반대쪽 바닥으로 뛰어내렸다. 다행히 바닥에는 건초 더미가 쌓여 있어 생각보다 푹신했다. 근데, 갑자기 무슨 일이지?

"거기 누구야?"

저 멀리서 누군가가 담벼락 쪽으로 손전등을 비추었다. 치비는 손전등의 불빛을 보고 소희에게 먼저 뛰어내리라 한 것이다. 서커스단의 요괴 중 누군가가 그들이 탈출하는 것을 알아챈 것이다. 손전등의 불빛이 정확히 할아버지 원숭이의 등으로 향했다.

"할아버지, 빨리요!"

치비가 다시 속삭이듯 소리쳤다.

"난 이미 틀렸어. 너희들이라도 빨리 도망가!"

"아니에요. 할아버지랑 같이 갈 거예요, 빨리!"

손전등의 불빛이 점점 담벼락 여기저기를 맴돌고 있었다. 할아버지 원숭이는 이미 발각되었고 다른 탈출자가 있는지 찾는 것 같았다.

그때였다. 할아버지 원숭이가 갑자기 눈을 감았다. 설마? 치비는 무서운 생각이 들었다. 할아버지 원숭이는 앞을 보지도 않고 자기 옆에 있는 삼각형 돌에 그냥 발을 디뎠다. 그 돌은 처음 디뎠던 삼각형 돌과는 분명 다른 모양이었다. 그러자, 할아버지 원숭이의 발이 그대로 돌에 붙어 버렸다.

"할아버지…. 대체 왜 그러셨어요. 제가 할아버지를 포기하게 하려고 일부러 발을 대신 거죠?"

치비가 울먹이며 말했다.

"손전등이 널 비추기 전에 빨리 도망쳐. 난 살 만큼 살았어. 너라도 여기서 벗어나."

손전등의 불빛이 점점 커지고 있었다. 요괴가 담벼락 근처까지 거의 다가온 것 같았다. 불빛이 점점 담벼락 위쪽을 향하고 있었다.

치비는 마지막으로 할아버지 원숭이의 얼굴을 바라보았다. 다시 요괴들에게 잡혀 간다면 끔찍한 고문을 받을지도 모른다. 하지만 할아버지 원숭이의 얼굴은 어느 때보다 평온해 보였다. 치비는 눈물을 훔치며 결국, 담벼락 반대쪽으로 뛰어내렸다.

"이 늙은 원숭이가 도망을 치려다 발이 붙어 버렸군. 수학도 못하는 멍청한 원숭이 같으니라고."

요괴의 사악한 목소리가 들렸다. 치비는 소희와 함께 발소리를 죽인 채 놀이공원에서 점점 멀어져 갔다. 서커스단의 요괴들이 치비가 도망쳤다는 사실을 알아차리기 전에 놀이공원 역을 어서 떠나야만 했다.

"할아버지 원숭이는 이제…. 어떻게 되는 거야?"

담벼락에서 어느 정도 멀어진 뒤에야 소희가 물었다. 치비의 표정이 곧 터질 울음을 참는 것만 같았다. 결국, 치비는 그 질문에 아무런 대답도 할 수 없었다.

제 10편

내각과 외각이
같은 집

진영이와 님프는 약속이라도 한 듯 아무 말이 없었다. 하염없이 승강장에서 열차가 빨리 오기를 기다릴 뿐이었다. 사실 소희를 혼자 보내는 것이 은근히 걱정되었다. 예정대로 바로 만날 수 있을까? 그때였다. 저 멀리에서 시끄러운 말소리가 들렸다.

"그러니까 말이야. 사람 고기란 것이 한 번 먹으면 끊을 수가 없다니까."

"저도 꼭 한번 맛보고 싶구만요. 흐흐."

'사람 고기?'

진영이가 끔찍한 표정을 지으며 님프를 바라보았다. 님프가 재빨리 말소리가 들리는 방향을 바라보았다. 그곳에는 덩치가 산만큼 크고 유난히 괴팍해 보이는 요괴 한 마리가 보였다. 특이하게도 눈은 하나뿐인데, 양 볼과 이마에도 코가 달려 있었다. 그를 따르는 대여섯 마리의 부하 요괴들도 승강장으로 함께 들어서고 있었다. 다들 술에 취한 것처럼 유난히 시끄럽고 몸동작도 과장스럽게 컸다.

"하필이면 저자랑 같은 열차를 타야 하는군요."

님프가 한숨을 내쉬며 말했다. 코가 네 개 달린 요괴가 나타나자 다른 요괴들이 모두 길을 비켜 주고 있었다.

"저자가 누구길래 그렇죠?"

"모든 요괴 중 인간 냄새를 가장 잘 맡기로 소문난 요괴예요."

"인간 냄새라면?"

진영이가 검지 손가락으로 자기 자신을 가리키며 말했다. 님프가 말없이 고개를 끄덕였다.

"이런 말까지 하기 그렇지만 안전하게 가려면 이번 열차는 포기하는 게 좋을 거 같아요."

"네? 하지만 소희가 기다리고 있을 텐데."

"소희 양을 만나기도 전에 이미 진영 군 목숨이 날아갈지도 모르죠."

다음 열차는 오후 7시 이후에나 있었다. 그때까지 소희는 괜찮을까?

'소희가 저들을 만난다면 정말 위험해질지도 몰라.'

"저는 괜찮아요. 그냥 가 봐요, 우리."

결국, 진영이의 뜻대로 열차에 타기로 했다. 단, 저 요괴들과는 최대한 떨어진 객실을 이용해야 했다. 저들은 거의 다 둔각실에 앉는 것 같았다. 뒤로 기대앉아 편히 갈 수 있는 칸이었다.

열차는 앞에서부터 평각-둔각-직각-예각의 순으로 이루어졌다. 둔각에서 가장 멀리 떨어진 객실은 예각이었다.

"예각은 의자가 많이 불편해 보여요. 몸을 앞으로 숙여야 하니."

"네, 이곳은 사실 요괴에게 붙잡혀 노예가 된 자들이 실려 가는 곳이에요. 우리를 위한 빈자리는 없어요."

그렇다면 결국 평각 아니면 직각 칸을 이용해야 했다.

"평각은 아예 침대처럼 누울 수 있는 곳이네요. 몸을 숨기기 어려울 것 같아요."

"네, 저도 마찬가지 생각이었어요. 직각실에 타는 게 그나마 낫겠어요."

직각실은 둔각실 바로 옆이었다. 진영이와 님프는 차례로 번갈아 가며 혹시 둔각실에서 누가 이쪽으로 오는지 살피기로 했다. 안타깝게도 의자가 둔각실의 반대 방향을 향해 있어 고개를 돌려 바라봐야 했다. 열차는 정확히 예정된 시간에 출발했다. 그리고 얼마나 시간이 흘렀을까? 님프가 의자에 매달려 문 쪽을 바라보고 있을 때였다.

"큰일이에요. 그자가 이쪽으로 오는 것 같아요. 빨리 반대쪽으로 나가는 게 좋을 것 같아요."

진영이가 자리에서 일어나는 순간, 둔각실 방향에서 문이 열리고 코 네 개 달린 요괴가 객실 안으로 들어왔다. 진영이는 서둘러 반대쪽 문을 열려고 하였다.

"어이, 거기."

그 요괴가 진영이를 부르는 것이 분명했다. 진영이는 순간 발걸음을 멈췄다. 옆에서 님프가 속삭였다.

"최대한 자연스럽게 돌아봐요."

진영이가 요괴 쪽을 돌아보았다. 혹시나 자신이 인간인 것을 눈치챘을까 다리가 후들거렸다.

"혹시 이 주변에서 인간 못 봤나? 냄새가 나는데."

그 녀석이 코를 킁킁거리기 시작했다.

"아니요, 전혀 못 봤는데요."

진영이는 대답과 동시에 문밖으로 나갔다. 때마침 열차가 멈추어 섰다. 요괴는 계속 냄새를 맡으며 진영이 쪽으로 다가오고 있었다.

"어쩌죠? 눈치챈 걸까요?"

"일단, 내려야겠어요."

님프와 진영이는 서둘러 열차에서 내렸다. 그런데, 이상하게도 아무도 내리는 손님이 없었다. 기관사처럼 보이는 요괴가 껑충 뛰어내리고 다른 요괴가 열차에 다시 올라탈 뿐이었다.

"여긴 대체 어디죠?"

"저도 몰라요."

결국, 열차는 진영이와 님프를 놔둔 채 다시 출발하였다. 그 요괴는 창문 밖으로 진영이와 님프를 뚫어지게 쳐다보고 있었다. 하마터면, 저 녀석에게 잡힐 뻔했던 게 분명했다.

이곳은 큰 역은 아니고 간이역같이 작은 느낌이었다. 님프가 역 앞 의자에 앉아 쉬고 있는 늙은 요괴에게 다가가 물었다.

"여기가 무슨 역이죠?"

"여기서 왜 내린 거야? 잘못 내렸어. 여긴 기관사들이 교대하는 작은 역이야. 손님이 내리는 곳이 아니라고."

인간 사냥을 좋아하는 요괴를 피하려다 엉뚱한 곳에 내리고만 것이다.

"혹시 여기서 도형의 놀이공원까지 갈 방법이 있나요?"

"흠… 열차는 이제 오후 7시는 지나야 올 텐데…. 그래도 방법이 없는 건 아니긴 한데…."

그자가 뭔가를 알고 있다는 직감이 들자, 님프는 허공에 손을 빠르게 휘둘렀다. 그러자, 금화 몇 개가 공중에서 우르르 떨어졌다. 요괴에게 금화를 내밀자, 그가 해죽 웃었다.

"뭘 이런 걸 다 주고 그래. 이 길을 따라 쭉 가다 보면 다각형의 마을이란 곳이 있어. 거기 요상한 집들이 무지하게 많을 거야. 그중에 내각과 외각이 모두 같은 집을 찾아가. 그럼, 그 집 주인이 놀이공원으로 가는 지름길을 알려 줄 거야."

"내각과 외각이 모두 같은 집."

님프는 잊어버리지 않으려고 늙은 요괴의 말을 되뇌었다. 가볍게 고맙다는 인사를 한 뒤, 님프와 진영이는 서둘러 마을을 향해 발걸음을 옮기기 시작했다.

"지난번부터 궁금했던 건데, 금화는 그렇게 끝없이 만들 수 있는 건가요?"

진영이가 님프를 바라보며 물었다.

"아니에요. 저는 몸이 작은 편이라 들고 다닐 수가 없어서 마법을 통해 다른 차원에 보관할 뿐이에요. 이제 금화도 몇 개 안 남았어요."

진영이의 발걸음이 조금씩 빨라졌다. 소희가 홀로 기다리고 있을 텐데 서둘러야만 했다.

'인간 냄새를 맡는 요괴에게 걸리지 않아야 할 텐데.'

진영이 머릿속에는 온통 소희 걱정뿐이었다. 10분쯤 걸었을까. 그들의 눈앞에 작은 푯말이 보였다. 거기에는 '다각형의 마을'이라 쓰여 있었다. 맞게 찾아온 것이다.

눈앞에 수많은 집이 옹기종기 모여 있었다. 특이하게도 집 모양이 삼각형, 사각형, 오각형 제각각이었다. 게다가 사각형 집이라고 해서 네모반듯한 모양이 아니라 조금씩 비뚤어지거나 찌그러진 모양도 보였다. 집의 대문마다 각기 다른 요괴 문양들이 그려져 있었다.

"여기서 찾아야 해요. 내각과 외각이 모두 같은 집을."

진영이는 너무 당황스러웠다. 내각과 외각이 뭔지부터 전혀 몰랐기 때문이다.

"근데 그게 뭐죠?"

"아, 제가 설명을 안 해 줬군요. 내각은 보통 삼각형이나 사각형의 안쪽에 있는 각이라 생각하면 쉬워요. 외각은 바깥쪽에 있는 각이고요."

"음, 내부는 안쪽, 외부는 바깥쪽이란 말인 거 같군요. 아직 감이 잘 안 오네요."

"그럼, 저 집을 한 번 봐 봐요."

그들의 눈앞에 사각형 모양의 집이 하나 있었다.

"저 집을 보면, 오른쪽 아랫부분에 85도라고 쓰여 있죠?"

"네, 그건 보여요."

"저 각은 지금 사각형 집 안에 있나요? 밖에 있나요?"

"당연히 안이죠."

"네, 그럼 '안'이니까 내각이에요. 저 사각형 집의 한 내각이 85도라는 거죠."

"그럼 외각은 저 사각형의 바깥 부분?"

"네, 85도의 외각은 85도 옆에 있으면서 바깥에 있겠죠?"

"근데, 그건 얼마인지 안 쓰여 있네요."

"네, 근데 얼마든지 계산할 수 있어요. 한번 바닥에 누워 볼래요?"

"여기서 갑자기 누우라고요?"

진영이는 어리둥절한 표정을 짓더니, 금세 님프가 시키는 대로 순순히 자리에 누웠다.

"자, 이렇게 누우면 각도가 얼마일까요?"

"180도?"

"네, 맞아요. 누워서 일자가 되면 180도죠."

"네, 근데 그게 무슨 상관이?"

"저 사각형의 한 내각이 85도라 했죠? 나머지 부분을 합쳤을 때 바닥처럼 되어야 해요. 즉, 내각과 외각을 합치면 180도가 되어야 한단 말이죠."

"그럼 180에서 85를 빼면?"

"맞아요. 그럼 95도죠. 저 85도의 외각은 95도가 되겠네요."

"아, 이제 무슨 말인지 좀 알 것 같아요. 이 집은 내각과 외각의 크기가 서로 다르니까 우리가 찾아갈 집이 아니겠네요."

님프는 이미 다른 집을 살피고 있었다. 진영이는 그냥 지나치려다 이번엔 그 집의 왼쪽 아래를 보았다.

"아, 여기도 내각이 쓰여 있잖아. 90도야. 그러면, 180도에서 90도를 빼면 외각도 90도잖아."

갑자기 진영이의 눈이 번쩍 뜨였다.

"아, 여기는 그럼 내각과 외각의 크기가 서로 같잖아. 님프, 찾은 것 같아요! 여기 봐 봐요!"

님프가 진영이의 외침을 듣고 가까이 날아왔다.

"왼쪽 아래 내각이 90도니까 외각도 90도 맞네요. 그래야 합쳐서 180도가 되니까."

"이 집으로 들어가 볼까요?"

진영이가 그 집에 노크하려는 순간, 님프가 재빨리 진영이 앞으로 날아와 저지했다.

"잠깐만요. 아까 들었던 말을 다시 떠올려 봐요."

"내각과 외각이 같은 집을 찾으라 하지 않았나요?"

"네, 맞아요. 근데 중요한 부분을 놓칠 뻔했잖아요. 분명, 내각과 외각이 모두 같은 집을 찾으라 했어요!"

진영이도 다시 요괴의 말을 떠올려 보았다. 그랬다. '모두'라는 말을 놓쳐서는 안 될 것 같았다. 그렇다면, 왼쪽 아래는 내각과 외각이 90도로 같았으나 오른쪽 아래는 내각이 85도, 외각이 95도니까 이미 틀린 셈이다.

진영이와 님프는 다른 집들도 같이 살펴보기로 했다. 먼저 눈에 띈 것은 삼각형 모양의 집이었다. 집 안에 양쪽 각이 각각 60도라고 쓰여 있었다. 나머지 한 각은 몇 도인지 쓰여 있지 않았다.

"이 집은 딱 균형이 잡힌 느낌 아닌가요?"

님프의 말에 진영이가 집을 유심히 살펴보았다. 대문에 스핑크스 문양이 그려져 있는 피라미드 같은 모양의 집. 이런 곳에서 누가 사는 걸까?

"네, 뭔가 안정감이 있다고 할까. 아까 사각형 집은 좀 비뚤어진 모양인데 이건 좀 모양이 좋네요."

"양쪽 각이 다 60도죠? 그럼 지붕 쪽에 있는 각은 몇 도일까요?"

"아무것도 안 쓰여 있는데, 그걸 어떻게 알 수 있죠?"

진영이가 고개를 옆으로 갸우뚱하며 말했다.

"삼각형은 세 개의 내각을 더하면 항상 180도예요."

"어떤 모양이라도요?"

"네, 모양에 상관없어요. 모든 삼각형이 다 똑같으니 쉽죠."

진영이는 그렇다면 계산해 볼 만하다고 생각했다.

"180도에서 60도 2개를 더한 120도를 빼면 60도예요. 그럼 세 각이 다 60도예요!"

"네 맞아요. 그래서 아까 진영 군이 안정감이 느껴진다고 했을 거예요. 이렇게 세 변의 길이가 다 같고, 세 내각의 크기가 다 같으면 정삼각형이라 불러요."

진영이는 정삼각형, 정사각형 같은 말은 많이 들어 봤는데, 그런 뜻인지 몰랐었다.

"음, 변의 길이가 서로 다 같고, 내각끼리 다 같으면 앞에 '정'자가 붙는다는 말이군요."

"맞아요. 이제 그럼, 본격적으로 외각을 살펴봐야겠네요."

"네, 제가 한번 해 볼게요. 바닥에 누웠을 때가 180도, 내각이 60도니까 외각은 120도이어야겠네요!"

"네, 맞아요. 정삼각형이니까 내각이 다 같죠? 내각이 다 60도니까 외각은 다 120도가 되겠네요."

"그렇군요. 정삼각형은 내각 하나만 알면, 외각도 다 알 수 있겠어요."

님프가 고개를 끄덕였다.

"그럼, 여기도 내각과 외각의 크기가 서로 다르니 아니겠네요."

내각과 외각이 같은 집을 찾는 것이 생각처럼 쉽지 않았다. 님프가 다시 주변을 살피다 한 집에 시선을 고정했다.

"여기 한번 볼까요?"

눈앞에 보인 것은 네모난 상자처럼 생긴 모양의 집이었다.

"이 집도 꽤 안정감이 있네요."

이 집의 양쪽 아래에는 90도라고 쓰여 있었다.

"음, 일단 내각이 90도니까 외각도 90도. 양쪽 모두 같아요."

이제 진영이는 위쪽을 올려다보았다. 한쪽 끝에 역시 90도라고 쓰여 있었다.

'그렇다면 여기도 내각, 외각 모두 90도야.'

나머지 한쪽만 같으면 된다. 그런데, 왼쪽 위에는 아무 숫자도 쓰여 있지 않았다.

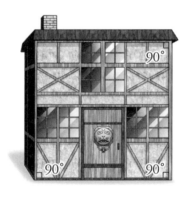

"지금까지 3개가 다 90도예요. 그런데 나머지 하나를 알 수 없

는데 어떡하죠?"

진영이가 난처한 표정으로 님프를 바라보았다.

"아까 삼각형은 내각을 다 더하면 몇 도라 했죠?"

"180도였죠."

"사각형은 어떨까요?"

진영이는 님프가 바로 답을 알려 주지 않고 자꾸 귀찮게 물어본다고 생각했다. 삼각형은 모양이 어떻게 생겼든 간에 내각을 다 더하면 180도. 그렇다면 사각형은? 모든 사각형이 다 똑같을 것이다.

'내가 알고 있는 하나의 사각형만이라도 떠올려 보자.'

진영이가 너무나도 좋아하는 라면. 그 라면을 넣는 라면 박스의 옆면을 생각해 보았다. 4개의 각이 다 직각이니까 내각이 모두 90도야. 그럼 90도가 4개니까 90 × 4 = 360. 360도 아닐까?

"혹시 360도 아닌가요?"

"네, 정확히 맞았어요."

진영이 얼굴에 화색이 돌았다. 수학이란 거 생각보다 할 만하네?

"삼각형의 내각의 합은 180도, 사각형은 360도. 180만큼 커졌죠. 그럼 오각형은 어떨까요?"

또 180만큼 커지면 된다는 걸까? 그렇다면 360 + 180 = 540.

"혹시 540도인가요?"

"네, 맞아요. 틀리아 두 번 오더니, 제법인데요?"

진영이는 기쁜 마음에 '예~' 하고 외치면서 하늘을 향해 오른 팔을 힘껏 올렸다. 님프도 그런 진영이의 모습을 보니 뿌듯했다.

"그럼 다시 돌아와서. 나머지 한 각의 크기는 얼마일까요?"

"사각형의 내각의 합은 360도인 거죠. 3개의 내각이 모두 90도 니까 3 × 90 = 270이 되죠. 나머지 한 각은 360 - 270 = 90. 마찬가 지로 90도가 되겠네요."

"네, 맞아요. 4개의 내각이 모두 90도네요."

"그럼, 이 집은 정사각형인 거죠?"

진영이가 아까 알게 된 '정'이라는 말을 붙여 보았다.

"아니요. 앞에 '정'자가 붙으려면 단지 내각만 다 같아서는 안 돼요. 네 변의 길이도 모두 같아야 해요."

"'정'자 한번 붙이기 까다롭군요."

이번에도 맞출 줄 알았는데. 조금 아쉬웠다.

"근데, 내각이 모두 90도니까 외각도 모두 90도 아닌가요? 모 든 내각과 외각이 전부 90도예요!"

"네, 그렇네요. 여기가 바로 늙은 요괴가 말한 그 집인 것 같아요."

　드디어 힘들게 찾아다니던 집을 찾았다. 둘 다 한시라도 빨리 안으로 들어가 보고 싶은 마음뿐이었다. 집 안에서는 여러 명의 여자아이들이 시끄럽게 떠드는 소리가 들렸다. 진영이가 조심스레 문을 두드렸다. 시끄러워서 잘 들리지 않는지 안에서는 아무 반응이 없었다. 진영이는 다시 한번 좀 더 세게 문을 두드렸다.

제 11 편

마법의 정오각형과
순간 이동

"누구요?"

문을 열고 나온 것은 코 아래부터 턱까지 갈색 수염이 잔뜩 난 아저씨였다. 얼굴은 슈퍼마리오를 조금 닮았다.

"아, 안녕하세요. 저희가 도형의 놀이공원에 가려는데 혹시 방법을 알 수 있나 해서요."

님프가 조심스레 말을 걸자, 아저씨는 일단 안으로 들어오라 하였다. 집 안에는 초등학생처럼 보이는 여자아이들이 7명 있었다.

"지금 한창 딸들이랑 대각선 놀이를 하는 중이라 바쁜데. 같이 해 보겠소?"

님프가 난처한 듯이 진영이의 얼굴을 쳐다보았다. 님프는 이런 놀이는 좀 하기 싫어하는 것 같았다.

"네, 제가 한번 해 볼게요. 어떻게 하는 거죠?"

"일단, 나오는 음악에 맞춰 마음대로 춤을 춰 봐요."

음악이 나오자 7명의 아이들이 모두 몸을 흔들기 시작했다. 웃기는 춤을 추는 아이부터 아이돌 댄스 같아 보이는 춤을 추는 아이까지 각양각색이었다. 바닥에 머리를 대고 빙글빙글 돌면서 헤드 스핀을 하는 아이도 있었다. 그러다 갑자기 음악이 멈췄다.

"음악이 멈추면 선택을 해요. 바닥에 그대로 앉거나 가운데에 모여서 서로 손을 잡거나."

진영이는 한번 가운데로 나가 보았다. 그러자 바닥에 앉아서 쉬는 아이들을 빼고 진영이까지 몇 명이 둥그렇게 손을 잡았다.

"5명이다!"

손을 잡고 있던 한 소녀가 외쳤다.

"자, 이번엔 5명이 되었군요. 그러면 이렇게 오각형이 되는 거지요."

다섯 사람의 머리가 각각 꼭짓점을 만들고, 팔들이 변을 이루어 오각형 모양을 만들었다.

"이제 자기와 손이 안 닿은 사람들의 숫자를 남들보다 빨리 말하면 돼요. 이게 대각선 놀이의 핵심이죠."

"그게 대각선이랑 무슨 관련이 있는 거지요?"

진영이는 도무지 영문을 알 수 없었다.

"대각선은 다각형에서 서로 이웃하지 않는 두 꼭짓점을 이은 선분을 말해요. 설명이 좀 복잡하죠? 쉽게 말해, 자기와 손이 닿지 않는 사람에게 선을 그은 거라고 할 수 있죠. 손을 잡지 않은 사람의 숫자를 말하면 그게 그 꼭짓점에서 그을 수 있는 대각선 개수예요."

"2!"

갈색 단발머리를 한 소녀가 큰 소리로 외쳤다. 다섯 명이 오각형을 만든 경우, 한 꼭짓점에서 그을 수 있는 대각선은 2개라는 말이다. 다시 음악이 나오면서 놀이가 시작되었다.

"자, 그럼 같이 놀아 주고 계시오. 내가 놀이공원으로 떠날 준비를 해 줄 테니."

님프도 수염 아저씨를 따라 밖으로 나갔다. 그때, 음악이 다시 멈추었다. 이번에 진영이는 그대로 자리에 앉았다.

"자리에 앉은 사람은 답을 말할 기회도 없는 거예요!"

한 소녀가 진영이에게 알려 주었다. 진영이를 빼고 모든 소녀가 서로 손을 잡았다. 7명이었다.

"4!"

이번엔 양 갈래로 머리를 딴 소녀가 재빨리 외쳤다.

"아, 이번엔 내가 말하려 그랬는데!"

아무 대답도 못 한 소녀들은 못 맞춘 것을 분해하였다.

'왜 4일까?'

진영이가 곰곰이 생각하기 시작했다. 혹시 그거 아닐까? 문득 떠오르는 것이 있었다. 진영이의 눈빛이 밝게 빛났다. 처음에 5명일 때, 자기 자신과 양옆의 2명까지 3명을 뺀 2명을 말하면 성공이었다. 이번에는 총 7명이지만 마찬가지로 자기 자신과 양옆에 2명을 더한 3명을 뺀 4명을 외치면 되었다. 결국, 대각선의 개수는 몇 각형인지 알아낸 다음, 거기서 항상 3을 빼기만 하면 되는 것이었다.

'좋았어. 그럼 손을 잡은 사람의 수만 알면 바로 맞출 수 있겠어!'

모두 다 함께 다시 춤을 추기 시작했다. 진영이는 마음이 한결 가벼워져서 몸을 비비 꼬면서 웃긴 춤을 추기 시작했다. 소녀들이 진영이의 모습을 보고 꺄르륵거리며 웃기 시작했다. 그러다 갑자기 또 음악이 멈추었다. 이번엔 진영이까지 6명이 손을 잡았다. 육각형이었다.

"3!"

진영이가 재빨리 외쳤다. 모두 놀란 토끼 눈으로 진영이를 바라보았다.

"뭐야, 저 오빠? 대체 왜 이렇게 잘해? 오늘이 처음인데, 우리보다 빨리 맞추다니."

"그럴 리가 없어. 어떻게 한 거지? 사기 친 거 아니야?"

몇몇 소녀들은 자존심이 많이 상한 것 같았다.

'일부러 틀려 줄 걸 그랬나?'

갑자기 주목을 받자 진영이가 살짝 당황스러워했다.

"좋아. 오빠, 그럼 이제 좀 더 어려운 버전으로 하자. 사실 오빠가 초보자라서 좀 쉬운 게임을 한 거였거든."

머리에 리본을 묶은 키가 제일 큰 소녀가 말했다.

"좋아, 우리 벌칙도 만들자. 세 번 경기를 해서 오빠가 한 번도 못 이기면 우리 집에서 하룻밤 자고 내일까지 같이 노는 거야."

"와, 그거 좋다."

진영이는 아무 말도 안 했는데 이미 자기들끼리 다 결정해 버렸다. 이렇게 된 이상, 진영이는 무조건 한 번은 이겨야만 했다. 그래야 빨리 소희를 만나러 갈 수 있었다.

"어려운 버전은 어떻게 하는 건데?"

진영이가 묻자, 다시 키 큰 소녀가 우쭐거리며 말했다.

"지금까지 한 거는 한 꼭짓점에서 대각선이 몇 개인지 찾는 거였잖아?"

"그렇지."

"이제는 한 도형에서 대각선이 다 합쳐서 몇 개인지 맞추는 거야."

진영이의 머릿속이 복잡해졌다.

'대체 무슨 말이야 그게? 무슨 말인지도 모르겠어.'

"그럼 시작해 보자. 원래 게임은 하면서 배우는 거야."

다시 음악이 시작되었다. 이번에 진영이는 엉거주춤 제대로 춤을 추지 못했다. 전체 대각선 개수를 어떻게 알 수 있는 거야? 음악이 멈추고 진영이는 그대로 자리에 앉았다. 자리에 앉았으니 대답할 기회도 없고 이번 판은 무조건 진 게 된다. 그래도 일단, 게임을 어떻게 하는 건지 알아내야 했다.

총 5명의 소녀가 손을 잡고 있었다. 원래 하던 방식대로라면 3을 빼면 된다. 그러면 한 꼭짓점에서 그을 수 있는 대각선은 2개가 된다. 하지만 이제는 한 꼭짓점이 아니라 모든 꼭짓점에서 그을 수 있는 대각선이다. 꼭짓점이 5개니까 5명 X 2개씩 하면 총 10개일까? 진영이가 생각해 낼 수 있는 건 거기까지였다.

"5!"

리본 소녀가 한참이 지난 후에 대답했다. 아까보다 확실히 시간이 더 오래 걸렸다.

'10이 아니라 5네. 왜지?'

아직 규칙을 알 수 없었다. 다시 음악이 시작되었다. 진영이는 마음이 불안하여 거의 춤을 추지 못하고 있었다. 또다시 음악이 멈추었다. 이번에는 그래도 다른 소녀들의 손을 잡았다. 하지만 답을 말할 수는 없었다.

이번엔 총 3명의 소녀와 진영이가 서로 손을 잡았다. 사각형이다. 사각형이라면 좀 생각하기 쉬운 편이다. 한 꼭짓점에서 그을 수 있는 대각선은 4−3이니까 1이 된다. 꼭짓점이 4개니까 4명×1개씩이면 총 4개의 대각선일까? 아까도 이렇게 생각했다가 틀렸다.

"2!"

멜빵바지를 입은 소녀가 외쳤다. 실제 사각형에서 그을 수 있는 대각선은 2개뿐이라는 것이다.

'아까도 10개인 줄 알았지만 5개였고, 이번엔 4개인 줄 알았는데 2개뿐이야. 반으로 줄어든다?'

진영이 위치에서 대각선을 그을 수 있는 아이를 바라보았다. 그 아이는 바로 멜빵바지를 입은 소녀였다. 반대로, 저 소녀가

그을 수 있는 대각선을 생각해 보았다. 저 소녀도 결국 진영이한
테 그을 수밖에 없었다. 서로 겹쳤다. 그렇다면 결국 다각형에서
대각선이라는 것은 서로 한 번씩 겹치는 게 나온다. 진영이에게
서 소녀에게로 가는 것이나 소녀에게서 진영이에게로 오는 것이
나 같은 선이기 때문이다.

'그래서 반으로 나눠야 하는 거구나!'

진영이가 드디어 규칙을 알아낸 것 같았다. 이제 기회는 단 한
번 남았다. 오늘 안에 이곳을 떠나려면 이번에 반드시 이겨야 했
다. 소녀들은 이미 밤새도록 진영 오빠와 놀 생각에 파티 분위기
였다.

다시 음악이 시작되었다. 진영이는 마음에 여유가 생겨 로봇
춤을 추기 시작했다. 소녀들은 또 배꼽을 잡고 웃기 시작했다.
그때, 음악이 멈추었다. 진영이는 재빨리 다른 소녀들의 손을 잡
았다. 총 6명이었다.

'6명이니까 일단, 내가 그을 수 있는 대각선은 6-3 = 3개야. 총
6명 × 3개 = 18. 근데, 서로 겹치는 선을 빼기 위해 반으로 나누면
9야.'

"9"

진영이와 머리에 리본을 묶은 소녀가 거의 동시에 9를 외쳤다.

하지만 진영이가 약간 빨랐다.

"뭐야, 왜 이렇게 빨라."

"언니가 지다니. 말도 안 돼."

모두 믿기 어렵다는 표정이었다. 리본 소녀는 상심한 채 그대로 자리에 털썩 주저앉아 버렸다. 그때, 문이 열리고 님프가 숨을 헐떡이며 날아왔다.

"이제 떠날 준비가 다 끝났어요, 진영 군."

소녀들이 진영이 소매를 붙잡으며 더 놀자고 애원했다. 징징거리며 우는 아이도 있었다.

"미안해. 다음에 꼭 같이 놀자."

진영이는 아이들이 더 서운해하기 전에 얼른 밖으로 나왔다. 계획대로 잘 준비가 된 것인지 님프의 표정이 밝아 보였다. 님프가 진영이를 이끌고 간 곳은 삼각형 모양의 허름한 창고 앞이었다. 그 창고는 비밀번호가 있는 자물쇠로 굳게 잠겨 있었다.

"이 안에 아저씨가 계세요. 작업 중에는 꼭 문을 잠가야 한다고 하더군요. 이제 준비가 끝났으니 우리도 들어오면 된다네요."

"근데, 이 문을 어떻게 열죠?"

"아저씨가 알려 줬어요. 자물쇠에서 가장 가까운 외각의 크기가 비밀번호라 했어요."

하지만 창고에 외각이 몇 도인지는 한 개도 쓰여 있지 않았다. 그 대신 두 개의 내각 75도와 60도가 적혀 있을 뿐이었다.

"자물쇠 없는 두 내각이 75도와 60도니까 더하면 135도겠네요. 삼각형의 내각을 다 더하면 아마 180도였죠? 180도에서 135도를 빼면 45도가 자물쇠 달린 문 옆의 내각의 크기겠네요. 외각은 다시 180도에서 45도를 빼야 하니까 135도겠네요."

진영이가 능숙하게 외각의 크기를 구하자, 님프가 너무 놀라 눈이 동그랗게 커졌다.

"대단해요. 수학 실력이 이렇게 늘다니. 이제 더 쉽게 계산하는 방법도 알려 줘야겠군요. 한 외각의 크기는 그와 이웃하지 않은 두 내각의 크기의 합과 같아요. 그러니까 75도와 60도는 자물쇠 옆의 외각과 이웃하지 않죠? 그 2개의 내각을 더하면 자물쇠 옆 외각의 크기예요."

"아, 그런 방법도 있었군요. 좀 설명이 어려워 보이지만 익숙해지면 더 쉬울 거 같아요."

진영이는 자물쇠의 비밀번호로 135를 눌렀다. 자물쇠를 풀고 창고 안으로 들어가자, 내부가 깜깜한 밤처럼 어두컴컴했다. 한쪽 구석에 희미한 전등 하나가 켜 있을 뿐이었다. 아저씨는 전등 옆에 있는 의자에 홀로 고독하게 앉아 있었다. 창고 중앙의 바닥에는 이상한 무늬 같은 것이 보였다.

"이것이 바로 여러분을 놀이공원으로 데려다줄 마법의 정오각형이요."

겉으로 볼 때는 그저 소녀들이 바닥에 줄을 그어 놓은 것 같았다. 이걸 이용해서 다른 곳으로 갈 수 있다고?

"먼저 한 가지 동의해야 할 부분이 있소."

"어떤 거죠?"

진영이가 침을 꿀꺽 삼키며 물었다.

"마법의 정오각형을 통해 다른 곳으로 이동하면 순간 이동같이 눈 깜짝할 사이에 다른 곳으로 가게 될 거요. 하지만 실제로는 3시간 정도 시간이 흘러갈 것이오."

"네? 3시간이나?"

뭐야 이거? 한시가 급한데, 3시간이나 날려야 한다니!

"그래도 열차는 7시 이후에 오기 때문에 이게 훨씬 빠르오. 그리고 또 하나. 몸 상태가 마치 3시간 동안 마라톤 달리기를 한 것처럼 피곤할 것이오."

"탈진해서 쓰러져 버리는 건 아니죠?"

진영이의 물음에 아저씨가 그 정도는 아니니 걱정하지 말라고 했다. 다른 선택의 여지가 없는 진영이와 님프는 그래도 이용하겠다고 대답했다.

"그럼 이제 마법의 정오각형을 이용하는 방법을 알려 주겠소. 우선, 정오각형 안에 올라서서 5개의 내각과 5개의 외각의 크기를 쓰시오. 그리고 이동하고 싶은 장소를 마음속으로 생각해야 하오. 그러면, 마음속의 장소와 가장 가까운 또 다른 마법의 정오각형으로 여러분이 이동할 수 있을 거요."

생각보다 이용 방법이 어려운 것은 없었다. 정오각형의 내각과 외각만 쓰면 되는 셈이다. 하지만 정오각형의 한 내각이 얼마였지? 진영이에게는 아직 새로운 개념들이 익숙하지 않아 바로 떠오르지는 않았다.

"진영 군, 일단 오각형의 내각의 합부터 생각해 봐요."

'오각형의 내각의 합이라. 이것도 잘 모르겠다. 아까 했던 얘기를 생각해 보면 삼각형의 내각의 합은 180도, 사각형은 여기에 180도를 더해서 360도였다. 그럼, 오각형은 다시 180도를 더하면 540도다.'

"540도였죠, 아마?"

"그럼 정오각형에서 '정'이 의미하는 게 뭐였죠?"

"'정'은 내각의 크기가 서로 같고, 변의 길이도 서로 같다는 의미?"

진영이가 대답하며 바로 생각해 보았다. 내각의 크기가 서로 같다면 540도를 똑같이 5개로 나눠 주면 된다. 그러면, 정오각형의 내각의 크기가 될 것이다. $\frac{540}{5}$ = 108도.

"내각은 모두 108도로 같겠군요!"

"네, 맞아요!"

진영이와 님프는 정오각형의 내각마다 108도를 쓰기 시작했다. 그러면 외각은 어려울 것이 없었다. 180에서 108을 빼면 된다. 72도. 이번에는 모든 외각에 다시 72도를 쓰기 시작했다. 마지막 외각에 72도를 쓰자, 마법의 정오각형의 변들이 밝게 빛나기 시작했다. 수염 아저씨가 다급하게 소리쳤다.

"지금이에요! 빨리 이동하고 싶은 곳을 떠올려요. 잠깐이라도 다른 곳을 생각하면 안 돼요. 잘못하다간 이상한 곳으로 가 버릴 수 있으니까."

진영이와 님프는 동시에 눈을 감았다. 그리고 마음속으로 '도형의 놀이공원'을 떠올렸다.

제 **12** 편

부채꼴과
활꼴 코코넛 열매

칠흑처럼 어두운 들판을 얼마나 걸었을까. 소희는 치비가 이끄는 대로 어둠 속을 헤쳐 왔다.

"여기쯤일 텐데."

치비가 잠시 걸음을 멈추더니 주변을 살폈다. 눈앞에 듬성듬성 거대한 나무들이 보이기 시작했다.

"여기라니? 기차역으로 가는 거 아니었어?"

소희가 당황한 표정으로 물었다.

"응, 맞아. 근데 이미 내가 도망쳤다는 게 주변에 다 알려졌을 거야. 여기 놀이공원이나 기차역에서 일하는 요괴들은 다 한패거든. 다른 역으로 빠져나가기 전까지는 위험해."

"그럼 다른 방법이라도 있는 거야?"

"응, 기차역에 가더라도 요괴들을 속일 방법이 하나 있어."

치비가 야자수같이 생긴 한 나무를 가리키더니 저쪽으로 가 보자고 말했다. 그 나무는 기다란 잎이 무성히 나 있었는데 하늘 높이 동그란 열매들도 달려 있었다. 얼핏 보기에 코코넛 열매같 이 생겼다.

"열매가 떨어지게 나무를 같이 좀 흔들어 볼까?"

소희도 치비와 힘을 합쳐 나무를 세차게 흔들었다. 하지만 열 매는 좀처럼 떨어질 기색을 보이지 않았다.

"전혀 소용이 없네."

그러자, 치비가 갑자기 표범처럼 재빠르게 나무를 타오르기 시작했다.

"치비, 너 뭐야 대체? 수영도 잘하더니 나무도 진짜 잘 타네!"

"원래 우리 고양이들이 원숭이만큼이나 나무를 잘 타거든."

치비는 나무 위에서 열매가 많이 달린 큰 가지 하나를 흔들기 시작했다. 그러자, 열매 몇 개가 우수수 떨어지기 시작했다. 소 희는 떨어지는 열매에 맞을까 얼른 뒤로 물러섰다.

치비가 다시 나무에서 내려와서 열매들을 살피기 시작했다. 열매는 보통 두 가지 색으로 되어 있는데, 경계선이 각양각색으 로 달랐다.

"일단, 이 코코넛 열매들을 부채꼴 열매랑 활꼴 열매로 나눠야
해."

"부채꼴? 활꼴?"

소희는 처음 듣는 말이 생소하게 느껴졌다.

"열매를 보면 정가운데에 점이 있지? 거기서부터 무늬가 시작
되면 보통 부채꼴 열매야. 부채 모양과 비슷하달까?"

"그럼 활꼴 열매는?"

"활꼴 열매는 보통 가운데 있는 점을 지나지는 않아. 그냥 선
이 그어진 형태야. 활 모양과 비슷하달까?"

소희는 치비의 말에 따라 열매들을 부채꼴과 활꼴로 나눠 보
기 시작했다.

'부채꼴 열매는 보통 입이 벌어진 것 같은 모양이네. 활꼴은 그
냥 일자로 그어진 느낌이고.'

그러다 보니, 하나 이상한 열매가 보였다. 가운데 있는 점을
지나면서 일자로 그어진 열매였다.

"치비, 이건 뭐야? 정가운데를 지나니 부채꼴인가? 아니면 일
자로 그어졌으니 활꼴?"

치비가 열매를 자세히 살피기 위해 소희 곁으로 다가왔다.

"이건 부채꼴이면서 활꼴이기도 해. 두 가지에 다 속하는 열매

야. 특이한 경우지."

결국, 부채꼴 열매 3개와 활꼴 열매 3개, 둘 다에 속하는 열매 1개로 나뉘었다. 부채꼴 열매들은 싱싱해 보이는데 활꼴 열매는 조금 오래된 것처럼 보였다.

"딱 보기에도 위쪽에 있는 부채꼴 열매가 더 맛있어 보이지? 근데, 이 열매는 절대 먹어선 안 돼. 독이 들어 있어 먹으면 바로 죽을 수 있어. 하지만 활꼴 열매는 묘한 효능이 있어서 마법의 열매라 불리우지."

"근데, 이 두 가지가 다 한 나무에서 열리는 거야?"

"응, 나도 할아버지 원숭이한테 들은 이야기인데, 이렇게 두 가지 열매가 같이 열리니까 짐승들이 함부로 먹지 못한다고 하더군. 부채꼴과 활꼴을 구분하지 못하고 먹다간 독을 먹고 죽게 되니까. 그래서 아직도 나무에 많이 달린 것 같아."

"그렇구나. 근데, 부채꼴 열매 중에도 색이 진한 부분이 서로 다르네."

"어, 색이 진한 부분이 많을수록 독이 더 강한 거야. 색이 진한 부분을 부채꼴이라 불러. 여기 한번 봐 봐. 색이 진한 부분의 각도가 중심각이야. 60도 정도지? 근데, 이건 120도야. 중심각이 2배면 넓이도 2배야. 그러니 독이 거의 2배 정도 세다고 볼 수 있지. 이 정도면 치사량이야. 먹으면 바로 죽을지도 몰라."

치비의 말에 소희는 부채꼴 열매에는 손도 대기 싫어졌다.

"음, 그럼 부채꼴 열매는 일단 저리 치워 둬야겠네."

이제 활꼴 열매를 살펴볼 차례였다.

"활꼴 열매도 열매마다 진한 부분이 다르네?"

"어, 활꼴 열매도 진한 부분이 넓을수록 마법의 효능이 강하다고 하더라고."

"근데, 그게 대체 어떤 효능이야?"

치비가 잠시 숨을 고르더니 조용히 말했다.

"다른 동물이나 요괴로 변신할 수 있는 능력."

소희는 깜짝 놀라 눈이 동그래졌다.

"활꼴 열매에서는 색이 진한 부분을 활꼴이라 불러. 활꼴이 가장 넓은 걸 찾아보자."

어떤 열매는 활꼴이 절반도 안 되었다. 그런데, 어떤 것은 열매의 거의 모든 부분이 활꼴이기도 했다.

"가장 오른쪽에 있는 게 좋을 거 같은데."

"그렇네, 그게 가장 효과가 확실하겠군."

치비는 가장 활꼴이 넓은 열매 하나만 챙겼다.

"역 근처에 가서 먹어야지."

둘은 활꼴 열매 하나를 들고 다시 역을 향해 걷기 시작했다. 그들의 뒤편으로 안개 속에 작은 파이 가게가 하나 보였다. 마치 내일이면 감쪽같이 사라질 것처럼 들판 위에 홀로 놓여 있었다. 하지만 소희와 치비는 앞만 보고 걷느라 눈치채지 못했다. 어느덧 저 멀리 불빛이 보이기 시작했다. 소희에게는 익숙한 건물의 모습이었다. 역에 다 온 것이다.

"이제 먹어 봐야겠어."

치비가 조심스레 칼집에서 칼을 꺼냈다. 서커스장에서 챙겨 온 것이다.

"여기 일자로 이어진 경계선이 보이지? 이 부분이 '현'이야. 활꼴은 '현'을 따라 잘라야 안에 있는 즙을 깨끗하게 다 먹을 수 있어. '호'를 좀 잡아 줄래?"

"호는 어딘데?"

"이 진한 색 부분에서 둥근 선을 '호'라고 불러."

"알았어."

소희가 '호' 부분을 잡자 치비가 '현' 부분을 자르기 시작했다.

"칼로 할선을 그어 자르면 돼. 할선은 일자로 쭉 어디든 자를 수 있지만 '현'을 따라 할선을 그어야 활꼴 열매의 즙을 흘리지 않을 수 있어."

치비가 '현'을 따라 할선을 긋기 시작했다. 그러자 열매 뚜껑 부분이 잘리고 안에 가득 찬 하얀 즙이 모습을 드러냈다.

"코코넛 쥬스 같아."

치비는 양손으로 열매를 잡더니 꿀꺽꿀꺽 마시기 시작했다. 치비의 배 안에서부터 뭔가 뜨거운 것이 부글거리기 시작했다. 점점 배가 타들어 가는 듯한 느낌이 들더니 곧 정신을 잃고 말았다.

제 13편

코코넛 파이와
수상한 여주인

　진영이는 아직 눈을 감고 있었으나 주변이 상당히 어둡다는 것은 느낄 수 있었다. 마치 마라톤을 뛰고 난 직후처럼 온몸이 무거운 데다가 당장이라도 쓰러질 정도로 배가 고팠다. 조심스레 눈을 떠 보니 눈앞에 거대한 나무들이 몇 그루 보였다. 가장 먼저 님프를 찾아보았다. 다행히 언제나처럼 공중에 뜬 채로 날갯짓하고 있었다. 하지만 님프도 지쳤는지 날갯짓을 하는 속도가 평소보다 느리고 좀 지쳐 보였다.

　"잘못 온 거 같은데요? 여긴 전혀 놀이공원 같지가 않은데…."

　진영이가 주변을 살피더니 말했다. 눈앞의 나무 몇 그루를 제외하면 황량한 벌판만이 보일 뿐이었다.

　"아마 놀이공원 안으로 순간 이동할 마법의 정오각형이 없어서 그럴 거예요. 여기는 놀이공원 근처가 아닐까 싶어요."

분명 아저씨의 말에 의하면 마음속에 상상한 곳과 가장 가까운 마법의 정오각형으로 데려다준다고 하였다. 하지만 여기서는 놀이공원의 방향을 전혀 알 수 없었다.

"이건 뭘까요? 코코넛 열매 같은데?"

배가 너무 고픈 진영이의 눈앞에 몇 개의 열매들이 보였다.

"나무에서 자연스럽게 떨어진 것 같지는 않군요. 누가 이렇게 배치해 놓은 흔적이 있네요."

부채꼴 열매 3개와 활꼴 열매 2개, 그리고 부채꼴이면서 활꼴인 열매 1개가 일부러 나눠 놓은 것처럼 바닥에 놓여 있었다.

"먹어 봐도 될까요?"

앞으로 언제쯤 음식을 먹을 수 있을지 전혀 감을 잡을 수 없었다. 진영이는 솔직히 코코넛 즙으로라도 배를 채우고 싶은 심정이었다.

"솔직히 조금 불안하네요. 누가 함정을 파 놓은 걸 수도 있잖아요. 먹더라도 아주 조금만 맛보는 게 좋을 거 같아요."

진영이는 어떤 열매를 맛봐야 할지 고민하기 시작했다. 사실누가 보더라도 부채꼴 열매가 활꼴 열매보다 신선해 보였다.

"이 열매는 특이하게 부채꼴 부분만 색이 진한 편이네요."

"부채꼴이요?"

"네, 원의 중심을 부채의 손잡이라고 생각해 봐요. 원의 중심에서 이렇게 부채 모양으로 색이 진하게 되어 있잖아요."

"별로⋯."

진영이는 솔직히 부채 같은지 잘 모르겠다고 생각했다. 겉이 매우 단단했기 때문에 껍질을 벗기려면 칼 같은 것이 필요했다. 주변을 잘 살펴 끝이 날카로운 돌을 하나 주워 왔다. 그러고는 부채꼴 열매에 선을 긋기 시작했다.

"'현'을 그리는 것 같아요."

"현은 또 뭐예요?"

"원 위에 그렇게 일자로 선을 긋는 거예요."

"아, 그렇군요. '현'을 그어서 그 부분을 계속 파내려고요."

돌로 조금 파내어 들어가자 곧바로 즙이 흘러나오기 시작했다.

"즙이 가득 있나 봐요. 벌써 새어 나오네요."

진영이는 멈추지 않고 돌로 열매의 '현'을 따라 갈라 내었다. 이미 즙이 밖으로 많이 흘러내린 상태였다. 안쪽을 들여다보니 부채꼴 모양을 따라 구멍이 파여 있고 그 안에 즙이 가득했다. 진영이는 양손으로 열매를 잡고 한 모금 마시기 위해 팔을 들어 올렸다.

"잠깐만요."

진영이의 입이 열매에 닿기 직전에 님프가 말했다.

"이것 좀 봐요."

님프가 바닥에서 집어 든 것은 짐승의 털이었다.

"설마 이 주변에 늑대라도 있다는 건가요?"

진영이가 덜덜 떨면서 털을 살펴보았다.

"아니요. 이건 고양이 털이에요. 검은 고양이."

"치비…?"

님프는 조용히 고개를 끄덕였다. 치비가 이 주변에 있었다는 것이다.

"그렇다면 이렇게 코코넛 열매를 가지런히 둔 것도 치비가 한 행동일지 몰라요."

"아, 그럼 안심하고 먹을 수 있지 않을까요?"

"아니요. 이렇게 나눠 놓은 게 이상해요. 열매마다 다른 효능이 있거나 할 것 같아요. 그렇지 않다면 이렇게 구분하지 않았겠죠?"

님프는 진영이가 즙을 먹지 않기를 바랐다. 결국, 진영이는 님프의 뜻에 따라 먹기 좋게 껍질까지 벗긴 열매를 바닥에 내려놓을 수밖에 없었다. 허기가 진 것은 님프도 마찬가지였다. 순간 이동해 온 이후로 급속히 배가 고파진 것 같았다. 둘 다 머리가 어지럽고 정신이 몽롱해지기 시작했다. 어느 방향으로 가야 할까? 생각할 힘도 움직일 힘도 없었다.

그때, 눈앞에 작은 파이 가게가 하나 보였다.

'이런 곳이 있었나? 있었다면 아까도 봤어야 할 텐데.'

진영이는 뭔가 이상하다고 생각했으나 금세 가게 앞 진열대에 놓인 맛있는 파이에 정신이 팔려 버렸다. 고개를 들어, 가게 간판을 보니 '환상의 코코넛 π'라고 쓰여 있었다.

"저 마지막에 있는 글자는 뭐라 읽는 거죠?"

"아, 파이(π)라 읽어요. 코코넛 파이. 냄새가 너무 좋아요."

님프도 이미 코코넛 파이 냄새에 정신을 잃을 지경이었다.

"코코넛 파이 전문점인가 봐요."

진영이와 님프는 누가 먼저라 할 것 없이 가게 문을 열고 안으로 들어갔다. 가게 안에 있던 젊은 여주인이 활짝 웃으면서 그들을 맞이해 주었다. 붉은 단발머리에 장난끼가 넘쳐 보이는 얼굴이었다.

"어서 오세요! 환상의 코코넛 파이 전문점에 오신 것을 환영합니다."

님프는 가게 주인을 분명 어디선가 본 것 같다고 생각했다. 하지만 그녀가 누구인지 도무지 떠오르지 않았다. 가게 안 진열대

160

에도 다양한 모양의 코코넛 파이들이 전시되어 있었다. 특이하게
도 코코넛 파이 위에는 메추리알 프라이가 두 개씩 놓여 있었다.

해변의 아침   흔들리는 야자수

"계란도 아니고 메추리알 프라이라니. 귀엽네!"

진영이가 입맛을 다시며 말했다.

"이거 얼마씩 하나요?"

님프의 질문에 여주인은 환하게 웃으며 입을 열었다.

"저희 파이는 넓이를 기준으로 가격을 매긴답니다. 넓이 1π
(파이)당 금화 1개예요."

"넓이?"

또다시 수학인가? 진영이의 머리가 다시 아프기 시작했다. 그
래도 먹기 위해서는 어떻게든 넓이를 알아내야 했다.

"님프, 이렇게 원처럼 둥근 모양의 넓이는 어떻게 알 수 있죠?"

"사실 별로 어렵지 않아요. 넓이는 동그란 것을 다 곱한다고 생각해 봐요."

"동그란 것? 파이요?"

"네. 파이 말고 동그란 것이 또 뭐가 있죠?"

"파이 위에 메추리알 두 개?"

"네, 원의 넓이는 다 곱한다! 다 곱하면 파이(π)×알(r)×알(r)이 되겠죠?"

"그게 뭐예요? 설마 메추리알이라서 영어 r?"

"네, 그렇게 외우면 쉬워요."

조금 황당한 설명이었다. 어쨌든 진영이는 반지름 r을 확인해야 했다. 이름이 '해변의 아침'인 코코넛 파이는 반지름(r)이 6이었다.

"둥근 것을 다 곱하면 π(파이)×6×6이니까 36π란 말이죠?"

"네, 맞아요. 해변의 아침은 넓이가 36π니까 금화가 무려 36개나 필요하겠네요. 무슨 호텔에서 파는 빵도 아닌데 너무 비싸네요. 저한테 남은 금화가 겨우 3개뿐이라 턱없이 부족해요."

"그럼, 흔들리는 야자수가 좀 작아 보이니 한번 알아보죠! 반지름(r)이 4이니까 π×4×4 = 16π. 으악, 이것도 금화가 16개나 필요하네요. 도저히 안 되겠네요."

맛있는 파이를 먹는다는 생각에 잔뜩 기대에 부풀었던 진영이의 표정이 금세 시무룩해졌다. 안타깝기는 님프도 마찬가지였다. 눈앞에 이렇게 맛있어 보이는 파이를 두고 한 입도 먹지를 못하다니!

"혹시 돈이 부족하신가요? 조각 파이로도 팔고 있으니 너무 슬퍼 마세요!"

여주인의 말에 님프와 진영이는 동시에 안도의 한숨을 내쉬었다.

"다행이다. 한 조각에 얼마예요?"

"하나의 파이를 45도씩 조각으로 나눠 팔고 있어요. 가격은 마찬가지로 넓이만큼 받고 있고요."

"45도? 그게 얼만큼이죠?"

"진영 군, 원은 전체가 몇 도인지 혹시 알고 있나요?"

님프의 질문에 진영이는 곰곰이 생각해 보기 시작했다. 원이라고 하면 지구처럼 한 바퀴를 도는 것이다. 그렇다면 360도다.

"360도!"

"맞아요. 그럼 원 모양 전체가 360도인데, 그중에 한 조각이 45도라면 $\frac{45}{360}$ 를 계산해야겠네요. 약분하면 $\frac{1}{8}$ 이에요."

"그럼 원래 넓이의 $\frac{1}{8}$ 이 한 조각이 되겠군요. 아무래도 작은 거로 먹어야겠죠? 흔들리는 야자수는 파이 전체 넓이가 16π 였으니 $\frac{1}{8}$ 을 하면 한 조각은 2π 예요. 금화 2개면 한 조각을 먹을 수 있어요!"

님프에게 남은 금화가 3개뿐이었기 때문에 파이는 한 조각밖에 주문할 수 없었다. 따끈따끈한 파이가 접시에 담겨 나왔다. 진영이가 먼저 한입 물었다. 입에서 사르르 녹는 맛이 일품이었다. 여태까지 먹어 본 파이 중에 단연코 가장 맛있었다. 몸집이 작은 님프에게는 조금 떼어 주었는데도 그 양이 얼굴만 했다. 남은 파이는 진영이가 10초도 되지 않아서 다 먹어치웠다.

'하나 더 사 먹자고 하긴 좀 그렇겠지?'

진영이는 님프의 눈치를 슬쩍 살피었다. 님프는 충분히 배가 불러 떠날 생각을 하는 것 같았다.

"손님, 뭔가 아쉬운가요?"

여주인이 진영이의 표정을 읽었다는 듯이 말했다.

"네, 딱 한 조각만 더 먹었으면 소원이 없겠는데. 아무래도 안 될 것 같아요. 돈도 넉넉지 않고."

여주인은 음흉한 미소를 짓더니 말했다.

"마침 오늘 손님이 너무 없어서 심심했는데 그럼 저랑 게임 한

번 할래요? 여기 두 종류의 파이가 있어요. 아주 맛있는 파이와 치명적인 독이 든 파이. 맛있는 파이를 잘 골라내면 무료로 드실 수 있게 드리는 게임이죠."

님프의 표정이 급속히 어두워졌다. 괜한 일에 얽혀서 굳이 위험을 감수하고 싶지 않았다. 하지만 진영이는 이번에도 자신과 다른 생각을 하는 것 같았다.

"좋아요. 한번 해 보죠!"

이미 파이에 눈이 먼 진영이는 님프가 말릴 틈도 없이 대답해 버리고 말았다.

"여기 제가 적당하게 잘라 놓은 두 개의 파이 조각이 있어요. 부채꼴의 호의 길이가 더 짧은 파이에는 독이 없고, 긴 파이에는 독이 들어 있어요. 하나를 골라서 드셔 보시죠."

왼쪽에는 90도로 조각난 해변의 아침 파이가 놓여 있었다. 오른쪽에는 180도로 조각난, 반 판짜리 흔들리는 야자수가 놓여 있었다.

"부채꼴의 호의 길이라? 먼저 완전한 한 판의 모습부터 떠올려 봐요, 진영 군. 그러려면 전체 둘레의 길이를 알아야 해요. 원의 둘레는 지름에 π만 곱하면 돼요. '해변의 아침' 파이는 반지름이 6이니까 지름은 2배인 12, 거기에 π를 곱하면 12π가 되겠네요."

님프가 진영이를 위해 끼어들었다.

"원 모양 전체가 12π라는 거죠? 지금은 90도니까 $12\pi \times \dfrac{90}{360}$ 이죠? 그럼 3π가 되겠네요!"

"맞아요. 일단, 왼쪽에 있는 '해변의 아침' 조각은 호의 길이가 3π네요."

님프의 말에 자신감이 붙은 진영이가 의욕이 넘쳐 외쳤다.

"그럼 '흔들리는 야자수'는 혼자서 해 볼게요. 반지름이 4니까 지름은 2배인 8, 거기에 π만 곱하면 되니까 원 전체 둘레는 8π겠군요!"

"정확해요! 파이 조각의 각도가 180도니까 $8\pi \times \dfrac{180}{360} = 4\pi$ 가 되겠군요."

"'해변의 아침'은 호의 길이가 3π였는데, '흔들리는 야자수'는 4π로 더 기니까 여기에 독이 들어 있을 거 같아요. 그럼 '해변의 아침'은 먹어도 괜찮은 거겠죠?"

진영이는 혹시라도 독이 든 파이를 먹게 될까 봐 좀 걱정이 되었다. 여주인은 표정 변화 없이 방긋 웃고 있을 뿐이었다. 님프가 괜찮을 거라고 말하자마자 진영이는 얼른 한입을 베어 물었다. 해변의 아침 역시 코코넛 향이 바닷바람처럼 은은하게 퍼지는 게 너무 감미로운 맛이었다. 결국, 진영이는 단숨에 모두 먹어치워 버렸다.

"하핫, 제법 잘 선택하였군요."

여주인은 독이 든 조각을 고르지 않은 것을 내심 아쉬워하는 표정이었다. 웃고 있는 겉모습과 달리 사악한 속마음을 가졌는지도 모른다.

"저 혹시 이 주변에서 검은 고양이 못 보셨나요?"

님프는 사방이 어두운 상황에서 어디로 가야 할지 난감했다.

"고양이요? 방금 봤어요. 한 소녀와 함께 역 쪽으로 걸어가는 모습을."

"소녀라면 소희? 벌써 둘이 만난 건가?"

진영이는 기쁜 마음에 자신도 모르게 큰 소리를 냈다. 여주인이 진영이 말을 듣고, '소희' 하고 작게 따라 말했다. 그녀가 알려주는 방향대로 님프와 진영이는 다시 길을 나섰다. 여주인은 왠지 모르게 그들을 보면서 싱글벙글 웃고 있었다.

"근데, 저 여주인 뭔가 수상하지 않나요?"

"아니요, 전혀. 왜요?"

님프는 계속 웃고 있는 여주인이 수상하다고 느꼈다. 왜일까?
그때였다. 진영이의 배 속에서 뭔가 뜨거운 것이 느껴졌다.

"아, 이거 뭐야? 왜 이러지."

"무슨 일인가요?"

진영이에게 묻자마자 님프도 이상한 느낌을 받았다. 배 속이
불타오르는 것 같았다. 그리고 보니, 님프의 머릿속에 저 여자의
정체가 떠올랐다. 요정의 숲에서 50년 전에 만났던 기억이 있다.
심술 궂은 장난을 좋아하는 요정, 픽시였다.

"아무래도 이상해요! 저 여자가 뭔가 이상한 짓을…."

진영이는 그대로 자리에 쓰러졌다. 님프도 눈이 스르르 감기
며 진영이 몸 위로 떨어지고 말았다.

제14편

진짜 진영
vs 가짜 진영

얼마 후, 정신이 든 치비가 서서히 눈을 떴다. 온몸이 뻐근하고 마치 자기 몸이 아닌 것만 같았다. 눈앞은 아직 흐렸으나 누군가 자신을 들여다보고 있는 형체가 보였다.

"치비, 맞지?"

소희의 차분하지만 떨리는 목소리였다.

"응, 당연히….."

치비는 말을 하다 스스로 놀라서 입을 다물었다. 자신의 목소리가 아닌 괴물처럼 굵고 낮은 소리였다. 얼른 고개를 돌려 자신의 몸을 살피어 보았다. 어느새, 고양이가 아닌 한 마리의 요괴가 되어 버렸다.

"으악."

치비는 자기도 모르게 비명을 질렀다. 앞에 있던 소희가 흠칫 놀라서 뒤로 물러섰다.

"이거 효과가 장난 아니네."

치비가 자리에서 일어나 자신의 몸을 둘러보았다. 둥근 눈에 코는 무척 크고 뭉뚝한 데다가 양쪽 송곳니가 입 밖으로 튀어나왔다. 덩치도 예전보다 커져서 훨씬 위협적으로 보였다.

"아무도 내가 고양이인지 모를 것 같아."

머리가 조금 무거운 것 같아서 정수리에 손을 대 보니 뿔 같은 것이 나 있었다.

"이건 어떤 모양이야? 거울이 없으니 알 수가 없네."

치비가 아직 자신을 무서워하는 것 같은 소희에게 물었다.

"밑면은 사각형 모양이고 위에는 끝이 뾰족해. 다른 4개의 면은 다 삼각형인 것 같아."

치비는 소희의 말을 듣고 손으로 만져 가면서 자신의 뿔 모양을 상상해 보았다.

"에이, 하필이면 사각뿔이네. 별로야."

"사각뿔?"

"응, 끝이 뾰족한 뿔을 보통 각뿔이라 불러. 근데, 밑바닥이 사각형이랬지? 그럼 사각뿔!"

"근데, 왜 별로야?"

소희가 순진해 보이는 표정으로 물었다.

"전설의 동물 유니콘 알지? 혹시 유니콘의 뿔 모양 기억나?"

"응, 알 것 같아. 유니콘 뿔도 끝이 뾰족해!"

"그럼 혹시 밑면은 무슨 모양인지 생각나?"

"밑면은 동그랗게 생겼던 것 같은데. 아닌가?"

소희가 허공을 바라보며 유니콘 모습을 상상하다가 말했다.

"맞아. 밑면이 원이잖아. 그래서 유니콘 뿔은 원뿔이야. 원뿔이 가장 힘이 좋아. 각이 많을수록 약해진다고 해. 난 사각뿔이니까 원뿔이나 삼각뿔보다는 약할 듯."

"그래도 예전 너보다는 훨씬 세 보이는데."

"야!"

소희의 장난에 치비가 소리를 질렀다. 둘은 어느덧, 역까지 도착했다. 막상 역에 오니 아직 해결되지 않은 문제가 생각났다.

"그러고 보니, 님프랑 진영이가 어디로 갔는지 알 수가 없어. 혹시 지금 놀이공원으로 향하고 있으면 안 되는데."

"그렇네. 그 둘도 같이 왔겠구나. 일단, 역무원한테 물어보자. 혹시 날아다니는 작은 요정을 본 적이 있는지."

역 안에 들어서자, 치비는 털이 곤두서는 느낌을 받았다. 이미 역 안에 현상 수배범처럼 치비의 얼굴이 박힌 종이가 가득 붙어 있었다. 하지만 지금은 아무도 자신을 못 알아볼 것이다. 최대한 자연스럽게 행동하면 된다.

소희가 역무원에게 님프의 모습을 설명해 보았으나 그는 무관심한 듯 모른다고 대답했다. 그때였다. 역 안으로 뿔 달린 요괴 둘이 들어왔다. 치비는 재빨리 뿔의 모양을 살피었다.

"한 놈은 밑면이 오각형이니까 오각뿔. 내 뿔보다 약할 것 같아. 또 한 놈은 밑면이 원인 뿔이잖아. 전설의 유니콘이랑 같아! 이놈은 도저히 이기기 힘든 상대겠군."

"치비야, 혼자 뭐 하는 거야? 저들은 싸울 생각도 없을 텐데."

소희는 손으로 치비의 고개를 돌려 버렸다.

"소희야!"

근데, 갑자기 무슨 일인가? 원뿔이 달린 요괴가 소희의 이름을 부른 것이다.

"뭐야? 무섭게. 누구지?"

생판 처음 보는 사람이 자기 이름을 부른 적은 살면서 한 번도 없었다. 근데, 사람도 아니고 무섭게 생긴 요괴라니.

두 요괴는 성큼성큼 소희와 치비 근처로 다가왔다.

"소희야, 계속 찾고 있었잖아. 내가 진영이고 이쪽이 님프야."

원뿔이 달린 요괴가 말했다.

"뭐라고?"

이게 무슨 일이지? 소희는 당황했다. 그때였다. 역 안으로 또 다른 요괴 둘이 들어왔다. 그중 한 요괴가 소희를 보자마자 외쳤다.

"소희야! 여기 있었구나!"

소희는 당황하여 치비를 바라보았다. 치비도 당황스럽긴 마찬가지였다. 새로 들어온 두 요괴도 소희와 치비 곁으로 성큼성큼 다가왔다. 하나는 삼각뿔, 하나는 육각뿔이 달린 요괴였다.

"혹시 너도 진영이?"

소희가 자신을 불렀던 삼각뿔 요괴에게 물었다.

"어? 지금 내가 요괴 모습으로 변했는데 어떻게 알았어? 소희는 바로 알아보네!"

"무슨 소리야! 내가 진영인데?"

처음에 자신이 진영이라 말했던 원뿔 요괴가 갑자기 끼어들었다.

"잠깐, 다들 가만히 좀 있어 봐."

사각뿔 요괴가 된 치비가 상황을 정리하기 위해 모두 조용히 하라고 소리쳤다.

"근데, 저 사각뿔은 누구야? 왜 재랑 같이 다녀?"

"자기가 뭔데 우리한테 조용히 하라는 거야."

자신이 진영이라고 주장하는 두 요괴가 또다시 치비를 보고 구시렁거리기 시작했다.

'진영이라고 하는 한 놈은 원뿔, 한 놈은 삼각뿔. 근데, 난 사각뿔이니 둘 다 이길 수 없어.'

치비는 그들의 정체를 어떻게 알아내야 할지 고민에 빠졌다. 만약 싸운다면 자기가 지는 상황이라 섣불리 덤빌 수도 없는 노릇이었다.

"이게 무슨 일이야 대체. 단체로 코코넛을 먹은 거야?"

소희는 정신이 어질어질했다. 진영이도 아닌 요괴들이 각자 진영이라 말하고 있었다.

계속 머리를 굴리던 치비에게 문득 좋은 아이디어가 떠올랐다. 치비는 얼른 삼각뿔 요괴에게 잠깐 가까이 와 보라고 손짓했다.

"역시 내가 진영이라니까. 제대로 알아봤구나."

삼각뿔 요괴는 의기양양하게 소희와 치비 곁으로 다가갔다. 치비는 목소리를 낮춰서 그에게만 들리게 말했다.

"난 사실 네가 진영인지 아닌지 몰라."

삼각뿔 요괴는 어이없다는 표정을 지었다.

"그럼 대체 날 왜 부른 거야?"

치비가 다시 말을 이었다.

"근데, 만약 네가 진영이라면 저 외뿔 요괴 곁으로 슬쩍 다가가서 뿔끼리 세게 부딪쳐 봐."

"왜 그래야 하는데?"

"그럼 네 뿔이 부러질 거야."

삼각뿔 요괴는 다시 한번 황당하다는 표정을 지었다.

"뭐야? 그럼 나만 아픈 거잖아? 왜 하라는 거야?"

"아니, 아프지 않아. 뿔이 부러지면 원래 모습으로 돌아갈 뿐이야. 네가 진영이라면 당연히 할 수 있겠지?"

치비의 계획은 진영이라 주장하는 두 요괴가 서로의 뿔을 부딪치게 만드는 것이었다. 그럼 누구든 하나는 뿔이 부러질 것이고 그자가 진영이라면 진영이의 모습이 나타날 것이다. 만약 진영이가 아닌 다른 요괴의 본모습이 나타난다면 나머지 한 명이 진영이인 것이었다.

"알겠어. 해 볼게."

삼각뿔 요괴는 조용히 자기 자리로 돌아갔다.

"근데, 왜 저 요괴한테만 말한 거야?"

소희가 치비한테 물었다.

"사실 아무나 한 녀석한테만 말하면 돼. 만약 그 녀석이 뿔을 부딪치는 것을 거절한다면 진영이가 아닐 테니까.”

“아, 그렇구나.”

소희도 이제 치비에게 어떤 의도가 있었는지 이해할 것 같았다.

“왜 나한테는 비밀 얘기 안 해 주는데? 내가 진영이라니까!”

원뿔 요괴가 잔뜩 심통이 난 것 같았다. 그가 치비한테 정신이 팔린 틈을 타서 삼각뿔 요괴가 재빨리 뒤에서 자기 뿔을 원뿔에 부딪쳤다.

“쾅.”

원뿔 요괴가 깜짝 놀라 뒤로 돌아보았다. 하지만 자신의 원뿔은 그대로 붙어 있을 뿐이었다. 뿔이 잘려나간 것은 삼각뿔의 위쪽 일부분이었다.

“각뿔대만 남았어. 이제 곧 원래 모습으로 돌아올 거야. 그게 누구든지.”

삼각뿔 요괴의 뿔은 위가 잘려나가 버렸다. 위아래 두 밑면은 삼각형이었으나 옆면은 모두 사다리꼴 모양으로 남게 되었다. 그러자, 요괴의 몸에서 마치 불이 난 것처럼 연기가 피어오르기 시작했다.

“뭐야, 이거. 나 죽는 거 아니지?”

삼각뿔대만 남은 요괴가 호들갑을 떠는 와중에 그의 모습이

서서히 바뀌었다. 연기가 걷히고 거기에 누군가 서 있었다. 다름 아닌 진영이었다.

"진영아!"

소희가 가장 먼저 진영이를 알아보고 가까이 달려갔다.

"내가 맞다니깐."

모두의 시선이 동시에 원뿔 요괴에게로 향했다.

"당신은 대체 누구야? 왜 진영이인 척 연기를 한 거지?"

원뿔 요괴는 이제 다 틀렸다는 듯이 자기 손으로 원뿔을 잡더니 톡하고 부러뜨렸다.

"저게 저렇게 쉽게 부러지는 거였어?"

그러자, 연기가 나더니 자신의 본모습을 드러냈다. 진영이와 님프에게는 익숙한 얼굴이었다.

"아까 그 파이 가게 여주인이잖아!"

진영이가 소리쳤다.

"심심해서 장난 좀 쳐 봤는데 생각보다 똑똑하네요. 저 치비라는 친구. 하핫."

"장난이 좀 심한 거 아니에요?"

진영이가 화를 내며 여주인에게 다가가려 했다. 육각뿔이 달린 요괴가 된 님프가 이를 가로막았다.

"됐어요, 이제 다 해결되었으니. 우린 우리 갈 길을 가요."

파이 가게 여주인은 같이 온 요괴와 함께 재빨리 역 밖으로 사라졌다.

"별 이상한 사람을, 아니 요괴를 다 보겠네."

진영이는 여전히 이해할 수 없다는 표정이었다. 물론, 저 가게의 코코넛 파이는 엄청 맛있었지만.

"사각뿔이 치비인 거고, 육각뿔이 님프지. 근데, 님프랑 진영이는 코코넛을 왜 먹은 거야? 굳이 신분을 숨길 필요가 없었을 텐데."

소희가 의아한 표정으로 물었다.

"이럴 줄 모르고 먹었어. 심지어 돈까지 주고 사 먹은 건데. 아까 그 가게 주인이 장난친 거야."

"장난을 굉장히 좋아하는 요괴인가 보네."

겨우 다시 만난 넷은 치비의 정체가 발각되기 전에 서둘러 이곳을 떠나야만 했다. 님프는 혹시 누군가와 싸울 경우를 대비하여 힘이 세 보이는 육각뿔 요괴 모습을 당분간 유지하기로 했다.

제 15편

미래를 보는
노인

"근데 어디로 가야 하지? 다시 '그분'을 만나야 하는 건가?"

소희가 약간 긴장한 어투로 말했다.

"근데 '그분'이 과연 우리를 순순히 인간 세계로 보내 줄까? 치
비도 이렇게 몰래 데리고 나왔는데."

"맞아. 저번처럼 화만 낼 거 같은데."

넷이 다 모이기는 했으나 여전히 걱정투성이였다.

"일단, 여기를 떠나 보자. 이 역은 나한테 너무 위험해."

치비의 말에 따라, 모두 다시 열차를 탈 준비를 하고 있었다.

"어이, 거기!"

그때, 누군가가 뒤에서 부르는 목소리가 들렸다. 소희가 가장
먼저 뒤를 돌아보았다. 역무원이 사각뿔 요괴가 된 치비를 바라

보며 이리 오라고 손짓하고 있었다.

"갑자기 뭔 일이지? 치비 너한테 오라는 것 같은데."

"응? 나를?"

치비도 뒤를 돌아보았다. 분명 역무원이 자신을 쳐다보고 있었다.

"절대 내가 고양이라는 것을 알아볼 수 없을 텐데."

긴장을 늦추지 않고 넷은 역무원에게 다가갔다. 그는 화가 난 듯한 표정을 하고 있었다. 치비는 여차하면 그를 공격하려고 조용히 공격 태세를 갖췄다.

"열차 처음 타 보쇼?"

"처음은 아닌데 왜 그러시는 거죠?"

치비의 대답에 역무원은 답답하다는 표정으로 말했다.

"근데 그 뿔을 달고 그냥 타려는 거요? 열차 천장이 다 찢어지면 어쩌려고?"

그는 다시 역사 안으로 들어가더니 처음 보는 요상한 것들을 들고 나왔다.

"뿔 달린 요괴들은 열차 탈 때 반드시 각기둥을 씌워야 하는 거 모르오?"

"각기둥?"

소희는 각기둥이라 불린 것들의 모양을 살펴보았다. 하나는 위아래로 사각형 모양이고 옆면은 모두 직사각형인 형태였다. 또 하나는 위아래로 육각형 모양이고 옆면은 마찬가지로 직사각형 형태였다.

"이 친구는 사각기둥!"

역무원 요괴는 두 밑면이 사각형인 사각기둥을 치비의 뿔 위에 씌웠다. 그러자 아래쪽 밑면이 찢어지면서 사각뿔에 딱 맞게 씌워졌다.

"이 친구는 육각기둥!"

두 밑면이 육각형인 육각기둥은 님프의 뿔 위에 씌웠다.

"다 됐소."

다행히 치비가 고양이라는 것을 알아차린 건 아니었다.

이번에 타게 된 건 반직선 열차였다. 소희 일행이 왔던 방향으로 끝없이 가는 열차다. 열차에 올라타서 넷이 같이 앉을 수 있는 자리를 살펴보았다. 평각실이나 둔각실은 여전히 인기가 많아 한두 자리씩밖에 남아 있지 않았다. 결국, 또다시 직각실로 향할 수밖에 없었다. 객실에 달린 창문을 통해 보니, 직각실 안에 있는 요괴 중 몇 마리가 이상하게도 자리를 비워 둔 채 한쪽에 줄을 서 있었다.

"안에서 뭔가 하는 거 같은데?"

치비의 말에 모두 창문 안쪽을 들여다보았으나 요괴들이 워낙 많아 잘 보이지 않았다. 소희가 먼저 객실 문을 열고 요괴들 사이를 비집고 들어갔다. 뭘 하길래 다들 줄 서서 기다리는 걸까? 객실 의자 중 하나에 한 할아버지가 앉아 있었다. 그리고 그 앞에는 이상한 종잇조각 같은 것이 여러 개 놓여 있었다. 진영이가 한발 늦게 소희 뒤로 따라붙었다.

"저 노인은!"

진영이가 소리쳤다. 치비도 겨우 요괴들 사이를 헤치고 소희와 진영이 옆으로 왔다.

"그때 그 노인이야. 우리 속마음을 꿰뚫어 보던!"

치비와 진영이가 예전에 툴리아에서 만난 적이 있는 노인이었다. 가만히 지켜보니 노인과 줄을 선 요괴들이 차례로 게임을 진행하는 것 같았다. 노인이 이기면 그대로 끝나는 것 같았고, 요괴가 이기면 한 가지 질문을 하는 것 같았다. 마침 한 요괴가 승리한 것에 매우 기뻐하더니 큰소리로 외쳤다.

"내 부하들을 더 늘리려면 어떻게 해야 하오?"

"동쪽 숲으로 가시오. 거기서 마르지 않는 샘물을 찾아가면 답이 나올 거요."

요괴는 만족한 듯한 표정을 짓더니 자리를 떠났다.

"우리도 한 번 해 볼까요?"

소희가 신이 난 표정으로 제안했다. 사실 치비와 진영이는 이미 경험한 적이 있었다. 저 할아버지가 제법 정확하게 사람의 마음을 읽고 미래를 예측한다는 것을.

"그래. 여기서 확실하게 빠져나갈 방법을 물어보자."

앞에 5마리의 요괴가 자기 차례를 기다리고 있었다. 게임 방법을 설명해 주는 것도 없이 바로바로 진행하고 있었다. 일단, 노인과 가까워지면 앞에 있는 요괴들이 하는 방식을 참고하는 수밖에 없었다.

하나하나 요괴들이 빠지면서 어느새 한 마리의 요괴만 앞에 남았다. 노인 앞에는 다섯 장의 전개도가 놓여 있었다. 노인은 요괴에게 다섯 개의 나무젓가락같이 생긴 막대기를 내밀었다.

"하나 뽑으시오."

요괴는 잠시 고민하는 듯하더니 오른쪽 끝에 있는 막대기를 뽑았다. 그 막대기 아래에는 숫자가 적혀 있었다.

"6이요."

그러자, 노인이 다섯 장의 전개도 중 하나를 고르라고 했다.

"이게 첫 번째 관문이란 말이요? 6이니까 면이 여섯 개인 거를

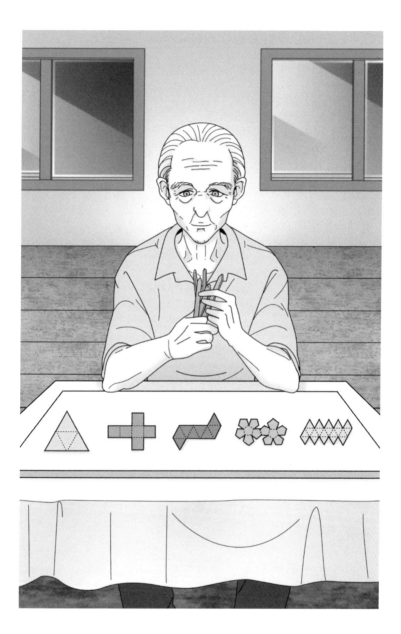

고르면 되겠죠. 이거겠네요."

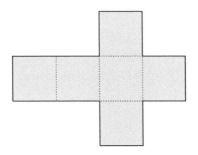

요괴가 하나를 가리켰다. 그러자, 노인이 그 전개도를 요괴에게 내밀었다.

"일단, 막대기에 적힌 숫자는 면의 개수를 말하는 것 같아요."

"그런 거 같네요. 저 전개도에 면이 6개 있군요."

소희의 말에 님프가 맞장구를 쳤다.

"두 번째 관문은 이걸 접는 거요?"

요괴는 전개도를 몇 번 돌려 보더니 주사위 모양으로 만들었다.

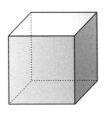

"다음으로는 전개도를 접어서 모양을 만들어야 하는 것 같아요."

진영이의 눈이 요괴의 손놀림을 따라가며 말했다.

"자, 그럼 마지막 관문이오. 지금 손에 들고 있는 정육면체의 모서리 개수를 말해 보시오."

노인의 말에 요괴는 정육면체를 돌려 보면서 숫자를 세는 듯했다.

"8개. 8개 맞죠?"

"틀렸네요. 아쉽지만 다음 기회에."

"아우!"

요괴는 외마디 비명을 지르더니 쿵쾅거리며 자리를 떠났다.

"정육면체는 모서리가 12개야. 꼭짓점이야 8개겠지만."

치비가 조용히 속삭였다. 드디어 소희 일행의 차례가 왔다. 치비, 소희, 진영이, 님프 순으로 진행하기로 하였다. 치비가 노인 앞에 앉자 노인은 아무 말 없이 그를 유심히 바라보았다.

"오랜만이구먼. 모습이 좀 바뀌었구려."

치비는 너무 놀라서 기겁했다.

'지금 사각뿔 요괴의 모습인데도 나를 알아보고 있어. 역시 무서운 노인이야.'

이번에도 노인은 젓가락 5개를 내밀었다. 치비는 조심스레 하나를 뽑았다. 숫자를 확인해 보니 20이었다. 치비가 괴로운 듯 얼굴을 찡그렸다.

"정이십면체, 5가지의 정다면체 중 가장 어려운 형태죠."

님프가 안타깝다는 듯이 말했다. 치비는 다섯 개의 전개도 중 면이 제일 많은 가장 오른쪽을 골랐다. 20개의 면이 있는 정이십 면체의 전개도였다.

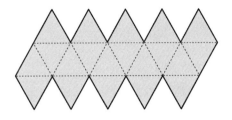

"여기까지는 할 만한데."

이제 전개도를 접어 가며 모양을 만들기 시작했다. 생각처럼 쉽지 않은 듯했다. 조금 시간이 걸렸으나 치비는 결국 잘 완성해 냈다.

"자 그럼 마지막 관문이오. 정이십면체의 모서리 개수를 말해

보시오."

노인의 말에 치비는 하나씩 세 보기 시작했다. 하지만 결코, 쉽지 않은 것 같았다. 앞에서부터 몇 개 정도를 세다가 뒷부분을 세다 보면 앞부분에서는 어디까지 셌는지 구별할 수가 없었다. 치비의 표정에 혼란스러움이 가득해 보였다.

"아, 도저히 모르겠어요."

치비는 고개 숙인 채, 그대로 물러났다. 수학을 그렇게 잘하는 치비조차 이렇게 쉽게 실패하다니. 소희와 진영이도 긴장할 수밖에 없었다. 다음은 소희 차례였다. 소희가 뽑은 젓가락에는 8이 쓰여 있었다.

"정팔면체. 그렇다면 면이 여덟 개인 전개도를 고르면 되겠군."

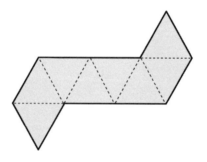

아직까지는 순조롭다고 생각했다. 소희는 면이 여덟 개인 세 번째 전개도를 가리키더니 순식간에 정팔면체 모양으로 접었다.

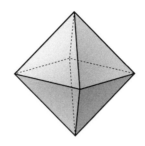

"자, 그럼 정팔면체의 모서리 개수는 몇 개인지 말해 보시오."

소희가 조심스레 숫자를 세 보기 시작했다. 우선, 위쪽에 네 개, 그리고 아래쪽에 네 개를 셌다.

"8개인 거 같아요. 8개 맞나요?"

진영이는 얼른 님프의 표정을 살폈다. 님프가 곧 울음을 터트릴 것 같은 표정을 하고 있었다.

"안됐지만 틀렸구려."

소희는 기운 빠진 표정을 짓더니 터벅터벅 자리에서 물러났다.

"가운데에도 4개의 모서리가 있어요. 그러니까 총 12개인데."

소희마저 마지막 관문에서 떨어졌다. 이제, 진영이와 님프 둘만 남게 된 상황이었다. 진영이는 자리에 앉자마자 먼저 말을 걸었다.

"오랜만이네요, 할아버지. 이렇게 다시 뵙다니."

노인은 아무 말 없이 희미한 미소를 지었다. 진영이가 뽑은

젓가락에는 4가 쓰여 있었다. 얼른 면이 4개인 가장 왼쪽 것을
골랐다.

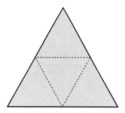

정사면체는 전개도를 접는 것도 가장 쉬운 편이었다.

"자, 그럼 정사면체의 꼭짓점 개수를 말해 보시오."

계속 모서리가 나오길래 모서리 생각만 하던 진영이였다. 하
지만 이번엔 꼭짓점이었다.

"꼭짓점은 뾰족한 부분."

뒤에서 님프가 속삭였다. 뾰족한 곳이라고? 진영이가 정사면
체의 뾰족한 부분마다 손가락 끝을 하나씩 대 보았다.

"앗, 따가워."

엄지, 검지, 중지, 약지. 4개의 손가락 끝이 따가웠다. 그렇다면 꼭짓점은 4개였다.

"4개. 정사면체의 꼭짓점은 분명 4개예요."

노인이 눈을 크게 떴다.

"의외로 자네가 가장 먼저 맞췄군. 그래, 궁금한 것 한 가지를 말해 보시오."

"예~!"

진영이가 기쁜 마음에 주먹을 쥔 채 오른팔을 허공에 휘둘렀다. 이미 실패해서 객실 자리에 앉아 지켜보던 소희와 치비, 뒤에서 기다리던 님프의 얼굴에도 미소가 떠올랐다.

"여기서 인간 세계로 돌아가려면 어떻게 하는 게 가장 좋죠?"

진영이의 목소리가 평소보다 많이 컸다. 객실 안에 있던 다른 요괴들의 시선이 순식간에 모두 진영이에게 향했다. 뭔가 잘못되어 가는 것 같았다. 치비가 주위 눈치를 살피며 소희에게 속삭이듯 말했다.

"진영이 저 녀석. 인간 세계로 가는 법도 아니고 돌아간다고 말하면 안 되지! 자기가 인간이라는 사실을 다른 요괴들도 다 알게 되잖아!"

그랬다. 사실 보통 요괴들에게 인간 세계로 가는 방법이 궁금할 리 없었다. 혹시 한 번쯤 가는 방법을 물어본다 하더라도 돌아간다는 표현은 이상한 것이었다.

"인간인 걸 들키면 매우 위험해지겠지?"

"어, 당연하지! 바로 다음 역에서 일단 무조건 내려야 할 것 같아."

진영이는 자신을 향한 싸늘한 시선은 눈치채지 못한 채 노인만 바라보고 있었다.

"작은 집들의 공동묘지 역에 내리시오. 거기서 귀신의 집에 그들이 가장 싫어하는 것을 가득 채운 후에 천으로 막아 버리시오. 중요한 것은 절대 넘치거나 부족하면 안 된다는 것."

"귀신이 싫어하는 것 채우기, 천으로 막기."

진영이는 노인의 말에서 중요해 보이는 내용을 혼자 읊조려 보았다. 님프도 뒤에서 노인의 말을 잘 기억하려고 중얼거렸다. 진영이는 곧바로 소희와 치비가 있는 근처로 다가갔다. 그때, 치비가 얼굴을 잔뜩 찡그린 채 가까이 다가오지 말라고 손짓했다. 진영이는 왜 그런지 영문을 알 수 없었으나 일단 혼자 구석진 자리에 앉았다.

다음으로는 님프 차례였다. 가장 궁금한 문제는 이미 해결된 상태다. 님프가 뽑은 것은 12였다. 님프는 면이 12개인 네 번째 전개도를 골라 순식간에 정십이면체로 맞추었다.

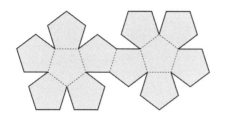 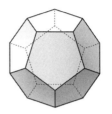

"정십이면체의 꼭짓점 개수는 몇 개인지 말해 보시오."

님프는 재빨리 정십이면체를 살피기 시작했다. 그때였다. 열차 방송으로 다음 역 안내가 흘러나왔다. 다음 역이 바로 '작은 집들의 공동묘지'였다.

"운이 좋았어. 여기서 바로 내려야 해."

치비가 작게 외쳤다. 님프는 계속 꼭짓점 개수를 세고 있었다.

"위에 5개, 옆에 10개, 아래에 5개. 다 더하면… 20이요. 꼭짓점 개수는 20개."

"정확하게 맞았소. 궁금한 것은?"

"'그분'은 저를 필요로 할까요? 제가 '그분'에게 도움이 되는 존재인가요?"

님프는 자신이 가장 알고 싶었던 것을 물었다. 그때 열차가 역에 정차하였다.

"서둘러 내리자. 진영이 너는 좀 떨어져서 따라와라."

치비와 소희가 먼저 서둘러 내렸다. 진영이는 또 왜 저러나 하면서도 잠깐 기다린 후에 기차에서 내렸다. 님프는 아직 열차 안에 남아 노인의 얼굴을 바라보고 있었다. 꼭 대답을 듣고 내리고 싶었기 때문이다. 노인의 표정에서 무언가 두려움을 느끼는 것이 보였다. 여태까지 보여 준 평온한 모습과는 전혀 다른 느낌이었다.

"하루빨리 '그분'을 만나시오. 그렇지 않으면 흉악한 요괴들의 공격으로 툴리아 전체가 위험해질 것이오. 또 하나, 산꼭대기까지 올라갔다가 내려와서 처음 쉬는 곳을 꼭 기억하시오."

흉악한 요괴들? 산꼭대기에서 내려와 처음 쉬는 곳? 전혀 의미를 알 수 없는 말들이었으나 님프는 언젠가 꼭 필요할 거란 생각에 머릿속에 잘 새겨 두었다. 마지막으로 노인에게 고맙다는 인사를 남긴 채, 님프도 재빨리 창문을 통해 열차에서 내렸다. 그렇게 모두 무사히 내린 것에 안도하였다.

"진영아, 너 진짜 조심해야겠다. 위험하다, 위험해!"

"뭐가? 내 덕분에 잘된 거 아니었어?"

"에휴, 아니다. 잘했어, 그래."

소희 일행은 조잘조잘 떠들면서 천천히 역을 향해 걸어가고 있었다. 하지만 그들이 모르고 있는 것이 있었다. 여러 마리의 검은 요괴들이 그들의 뒤를 따라 내렸다는 사실을.

제 16편

작은 집들의 공동묘지

소희 일행은 역을 지나 어두운 숲속으로 들어왔다. 아무 불빛도 없는 깜깜한 숲길을 앞만 보고 걸어갔다. 그때, 멀리서 늑대 울음소리가 들렸다. 소희가 깜짝 놀라 진영이의 팔소매를 꽉 움켜잡았다. 갑자기 소희가 자기를 붙잡자, 진영이 얼굴이 금세 새빨개졌다. 하지만 어두워서 아무도 눈치채지 못했다.

계속 걷다 보니, 어느새 왼편으로 거대한 언덕 같은 것이 나타났다.

"여기쯤 딱 공동묘지가 있을 것 같은데 비석이 보이지 않네."

"저 깃발 같은 도형들은 뭘까요?"

언덕 위에는 여러 모양의 도형들이 깃대 같은 것에 꽂혀서 땅 위에 박혀 있었다. 삼각형, 사각형, 반원 등 모양도 다양했다. 구름 사이로 환한 달빛이 언덕을 비추었다.

"잠깐만요. 모두 나무 뒤로 숨어 봐요."

님프의 말을 듣고 모두 가까운 나무 뒤로 몸을 숨겼다. 그러자, 사각형 모양의 도형 하나가 깃대를 중심으로 서서히 돌기 시작했다.

"뭐야, 무섭게시리 저절로 움직이는 거야?"

진영이가 속삭이듯 말했다.

"역시 여기가 공동묘지라니까."

치비가 확신에 찬 말투로 말했다. 신기하게도 사각형이 빙글 돌아간 위치는 새로운 공간으로 가득 채워졌다.

"저기 봐 봐. 원기둥이 생겨 버렸어."

사각형이 빙글 돌더니 금세 원기둥이 되어 버린 것이다. 그 뒤로는 무덤이 보였다. 이번에는 삼각형과 반원도 깃대를 중심으로 조금씩 돌기 시작했다.

"저 깃대가 회전축이 되는 것 같아요. 회전축을 중심으로 빙글 도니까 입체 도형이 생기고 있어요."

님프의 말대로 새로운 입체 도형들이 하나둘 계속 생겨나고 있었다.

"삼각형이 있던 곳에서는 원뿔이 생겼어."

"반원은 축구공처럼 둥근 '구'가 되어 버렸어."

입체 도형의 뒤에는 무덤이 하나씩 있었다.

"저기 원뿔 좀 봐 봐. 뚜껑이 열리고 있어."

소희의 말에 모두가 삼각형이었다가 원뿔로 변한 도형을 바라보았다. 윗부분이 뚜껑처럼 열리더니 그 안에서 무언가가 나오고 있었다.

"윗부분이 잘려서 원뿔대만 남았군. 근데, 저기서 나오는 건 뭐지?"

치비가 눈을 크게 뜨고 원뿔대 안을 들여다보고 있었다. 사람의 다리인 것 같았다. 한쪽 다리가 먼저 튀어나오더니 잠시 후에 다른 한쪽 다리가 나왔다. 그런데, 이상하게도 상체는 보이지 않았다. 소희는 너무 놀라서 자기도 모르게 소리를 지를 뻔하다가 겨우 손으로 입을 틀어막았다.

"저게 대체 뭐야? 양쪽 다리밖에 없어. 저런 귀신은 처음 봐."

원기둥과 구에서도 뚜껑이 열리더니 똑같이 다리만 달린 귀신들이 나왔다. 귀신들은 모두 오른쪽 방향을 향해 걸어가고 있었다.

"어딜 가는 거지?"

"일단, 저들을 따라가 보자."

"들키지 않게 조심해."

소희 일행은 조심조심 귀신들이 가는 곳을 미행했다. 잠시 후, 소희 일행이 지나간 길 뒤로 검은 그림자들이 따라오고 있었다.

다리만 달린 귀신들이 도착한 곳은 어느 작은 마을이었다. 초가지붕이 있는 옛날 집들이 가득한 마을. 귀신들이 이곳까지 왜 온 것일까? 세 마리의 귀신은 어느 한 집으로 들어갔다. 귀신 중 하나는 외양간으로 들어가고 하나는 닭장으로 향했다. 마지막 귀신은 마당에 있는 개집으로 향했다.

"설마, 가축들을 잡아먹으려는 거 아닐까요?"

소희가 몸을 바짝 움츠린 채로 덜덜 떨며 말했다.

"빨리 막아야 해!"

치비가 소리쳤다.

"하지만 어떻게?"

진영이가 눈을 크게 뜨고 말했다. 잘못 나섰다간 오히려 귀신에게 모두 잡아먹힐 것만 같았다.

"우리가 가 보죠. 그래도 뿔이 달려 있으니 이걸로 위협이라도 해 볼 수 있겠죠."

님프가 힘이 잔뜩 들어간 목소리로 치비를 보며 말했다. 치비와 님프는 아직 삼각뿔과 육각뿔이 달린 험상궂은 요괴의 모습이었다. 결국, 치비는 외양간으로 닙프는 닭장으로 가 보기로 했다. 진영이와 소희는 조심조심 마당 쪽으로 걸어가 보았다.

외양간 안으로 들어온 치비는 끔찍한 광경에 입이 떡 벌어지고 말았다. 소 한 마리가 뼈만 앙상하게 남아 있던 것이다.

"그새 먹어치운 거야? 입도 없는데 대체 어떻게 먹은 거지?"

다리 귀신도 치비가 외양간에 들어온 것을 알아차린 것처럼 잠시 걸음을 멈추었다. 하지만 이내 다시 다른 소를 향해 다리를 쩍쩍 벌리며 걸어가기 시작했다.

"당장 멈춰!"

치비는 뿔을 들이밀며 다리 귀신에게 무작정 달려들었다. 하지만 치비의 몸은 귀신을 그대로 통과하여 지나쳐 버렸다. 다리 귀신은 마치 투명인간 같았다. 힘차게 달려가던 치비는 재빨리 멈춰 서려 했으나 결국 소 엉덩이를 뿔로 찌르고 말았다.

고통을 느낀 소가 '메에' 하면서 큰 소리로 울기 시작했다. 다행히 엉덩이에서 피가 나진 않는 것 같았다. 다리 귀신은 바닥에 주저앉더니 다리를 허공에 마구 구르기 시작했다. 치비가 보기에는 꼭 자신을 비웃는 것만 같았다. 열이 받았으나 귀신의 몸에 닿을 수가 없었다.

그때였다. 외양간 입구 쪽에서 뜨거운 열기가 느껴졌다. 치비가 고개를 돌려보니, 횃불을 들고 있는 중년의 남자가 서 있었다. 잠깐, 이 냄새라면? 설마, 믿을 수 없어!

"누구냐? 네가 우리 소를 잡아먹은 게냐?"

치비가 서둘러 다리 귀신이 있는 방향을 가리켰다. 그러나 귀신은 이미 온데간데없었다.

"나… 나는 아니에요. 다리만 달린 귀신 짓이라고요!"

치비가 당황하여 소리쳤다. 그때 닭장에서 닭들이 우는 소리가 들렸다. 횃불 든 사내가 재빨리 밖으로 뛰쳐나갔다. 치비도 슬금슬금 그를 따라 밖으로 나갔다.

닭장 하나에는 이미 앙상하게 남은 닭 뼈만 뒹굴고 있는 상태였다. 육각뿔이 달린 님프도 치비처럼 전혀 손을 쓸 수 없던 것이다.

"게 누구냐?"

남자가 횃불을 휘두르자 다리 달린 귀신은 재빨리 도망치기 시작했다.

"저 녀석들, 불을 무서워하는 거였군."

치비는 이제야 귀신 퇴치법을 알아낸 것이 못내 아쉬웠다.

"네놈은 또 누구냐?"

중년의 남자가 육각뿔 요괴의 모습을 한 님프에게 소리쳤다.

님프는 그를 보더니, 놀란 표정으로 아무 말도 하지 못하고 그대로 멈춰 버렸다. 남자는 님프의 뿔에 횃불을 휘둘렀다.

"조심해! 대체 뭐 하고 있는 거야?"

치비가 님프에게 소리쳤다. 그런데도 님프는 아무런 움직임 없이 얼음처럼 얼어 있었다. 순간적으로 님프의 뿔에 불이 붙어 버렸다. 불은 활활 타오르기 시작했다. 잘못하다가는 님프의 얼굴까지 타 버릴 것 같았다. 그때, 마당에서 개들이 짖는 소리가 났다. 남자는 다시 마당 쪽으로 향했다.

"저 바보는 왜 가만히 있는 거야?"

치비가 남자가 떠난 틈을 타서 재빨리 님프 곁으로 달려갔다. 그러고는 자신의 뿔을 님프의 뿔에 강하게 부딪쳤다.

"삼각뿔이니까 육각뿔을 부러트릴 수 있겠지!"

불타오르던 님프의 육각뿔이 잘려 나갔다. 그리고 순식간에 님프는 원래의 작은 요정의 모습으로 돌아와 버렸다. 바닥에 쓰러진 님프의 머리카락과 이마가 조금 불에 그을려 있었다. 치비는 조심스레 님프를 양손으로 들어 올렸다.

어쩐 일인지 마당에 있던 다리 달린 귀신은 남자가 오기도 전에 멀리 도망쳐 버렸다. 소희는 분명 똑똑히 보았다. 저 귀신이 개집 근처에 있는 무언가를 보더니 도망갔다는 것을.

"아니, 자네가 다시 온 건가?"

남자가 소희를 보더니 놀란 얼굴로 말을 걸었다.

"네? 저를 아세요?"

"50년 전에도 여기 오지 않았었나? 아, 그러고 보니, 인간 세계에서는 나이를 먹겠지. 그렇다면 여태 요만 하지는 않을 텐데. 그때 그 소녀를 꼭 빼닮았군."

소희는 번뜩 생각나는 것이 있었다.

"아, 혹시 저희 할머니를 아세요?"

"할머니?"

그때, 치비가 님프를 양손에 든 채로 마당에 나타났다. 그 남자는 치비의 손에 있는 님프를 보더니 다시 한번 놀란 것 같았다.

"아니, 님프! 이게 무슨 일이야? 왜 불에 그을린 거지?"

"님프를 아시나요? 실은 아까 육각뿔이 달린 요괴가 님프였어요. 잠시 변신을 하고 있었던 거예요."

치비가 남자를 바라보며 말했다. 님프는 여전히 정신을 잃은 상태였다.

"그랬던 거군. 갑자기 들이닥치니 뭐가 뭔지 하나도 몰랐네."

사실 치비는 아까부터 이 남자의 익숙한 냄새가 거슬렸다. 결국, 조심스레 말을 건네 보기로 했다.

"근데, 아저씨 혹시 인간인가요?"

사실 소희 일행은 이곳에서 진짜 인간을 본 적이 없다. 모두 요괴이거나 인간의 모습을 한 요괴와 요정, 짐승들뿐이었다. 하지만 치비는 이 남자에게서 분명히 익숙한 인간의 냄새를 맡고 있었다.

"그렇지, 인간이야. 이곳 툴리아에 사는 유일하게 완전한 인간."

소희가 다시 한번 그의 행색을 살펴보았으나 조금 이상하다고 생각했다. 마치 조선 시대에서 온 것처럼 옛날 저고리와 바지를 입고 있었다. 게다가 머리에는 상투까지 틀고 있었다.

"그러니까, 조선 시대에 관리들의 수탈을 피해 굴속으로 숨어들어갔다가 우연히 여기 툴리아로 오셨다는 거죠?"

소희가 지금까지 아저씨에게 들은 이야기를 다시 정리하여 말했다.

"그리고 툴리아에서 인간들은 늙지 않기 때문에 여기 왔을 때 모습이 그대로라는 거죠? 그럼 원래대로라면 몇 살인 거예요? 100살도 넘었겠네요."

진영이도 놀란 채로 다시 한번 아저씨를 바라보며 말했다.

"근데, 님프와는 어떻게 아는 사이인 거죠?"

치비는 아저씨와 님프 사이의 관계가 궁금했다. 그때, 님프가 기지개를 켜면서 눈을 떴다.

"아버님."

"아, 아버님?"

진영이가 놀라 소리쳤다. 놀란 것은 소희와 치비도 마찬가지였다.

"님프의 아버지야 이분이?"

"아니에요! 저희 아버지가 아니에요!"

님프가 강하게 머리를 흔들었다.

"그럼 누구의 아버지?"

"'그분'의 아버지란 말이에요!"

모두 한순간 할 말을 잃어버렸다. 마량의 아버지가 이 사람이라고?

"그럼 마량이 인간이었단 말이야? 말도 안 돼. 그에게서는 인간 냄새가 이렇게 강하게 나지 않았는데."

치비가 의심쩍어하는 표정으로 말했다.

"아니, 완전한 인간은 아니에요. 그의 어머니는 저처럼 요정이고요."

"요정과 인간 사이에서 태어난 게 '그분'이란 말이지?"

이제 모든 것이 이해가 되었다.

"그런데, 왜 가족끼리 같이 살지 않고 이렇게 따로 지내시는 건가요?"

소희가 고개를 갸웃거리며 물었다. 마량의 아버지는 깊은 한숨을 내쉬더니 기나긴 이야기를 시작했다.

수십 년 전, 마량의 어머니는 잔혹한 요괴들에 의해 살해당했다. 그녀가 인간과 사랑에 빠졌다는 이유 하나 때문에. 이곳 툴리아의 요괴나 요정들에게는 인간과 친하게 지내면 몸이 더럽혀지고 전염병에 걸린다는 미신이 있었다. 그래서 그녀를 깨끗하게 정화한다는 명목으로 사악한 요괴들이 그녀를 처참하게 살해해 버렸다. 마량은 죽은 어머니의 시신 옆에서 며칠 동안 울고 또 울었다. 그 당시, 마량 어머니의 시신 옆에는 빨간 깃털 하나가 꽂혀 있었다. 마량은 어머니의 복수를 위해 그동안 빨간 깃털이 달린 요괴들의 정체를 알아내려 노력했다. 툴리아 전체를 지배하기 위해 싸워 온 것도 그 때문이었다. 그래야만 숨어 버린 살인자 요괴들을 찾아낼 수 있겠단 생각에.

마량 아버지의 얘기에 모두 놀라서 입이 떡 벌어졌다. 마량에게 그런 인간적인 면모가 있는지 전혀 몰랐었다.

"그리고 저는 '그분'의 곁에서 쭉 '그분'을 도와 왔어요. 일종의

비서라 볼 수 있겠죠."

"아, 그럼 여자 친구나 그런 관계는 아닌 거죠?"

"미안하지만 아니네요."

소희의 질문에 님프의 얼굴이 붉어졌다.

"요즘엔 조선에서 이런 옷을 입고 다니나?"

마량의 아버지가 진영이에게 다가가 옷소매를 만지작거리며 물었다.

"네, 요즘엔 다들 이런 옷을 입죠. 사실 지금은 나라 이름도 바뀌었어요. 대한민국으로."

"그렇군. 어쨌든 난 여기서 지금 이대로 사는 게 편해. 다만, 가끔 밤에 찾아오는 저 몹쓸 귀신들만 어떻게 처치하고 싶어. 힘들게 키운 우리 집 가축들을 자꾸 잡아먹어."

"그 문제라면 걱정하지 마세요!"

진영이가 자신 있게 소리쳤다.

"해결할 방법이라도 있는 게인가?"

마량의 아버지가 기대에 찬 눈빛으로 진영이를 바라보았다.

"저 다리 귀신들이 가장 싫어하는 게 뭐죠?"

"일단, 불을 싫어하지. 그래서 횃불을 휘두르면 도망가 버리곤 하지."

그건 치비도 이미 알고 있는 것이었다. 분명 미래를 보는 노인이 귀신이 가장 싫어하는 것을 귀신의 집에 가득 채우라 했다. 하지만 불은 넣을 수 없을 텐데.

"혹시 다른 건 또 없나요?"

치비의 질문에 아저씨가 고심하는 듯하더니 입을 열었다.

"근데 말이야. 방금 마당에 있는 강아지를 잡아먹으려던 귀신은 내가 오기도 전에 도망갔단 말이지. 전에는 이런 일이 없었는데."

"혹시, 저 개밥그릇에 있는 게 뭔지 알 수 있을까요?"

소희가 재빨리 아저씨에게 질문을 던졌다. 분명 그 귀신은 개밥그릇 쪽을 보더니 무서워하며 도망쳤다.

"아, 그거 팥죽이야. 내가 저녁에 먹고 남은 걸 개한테 줬지. 그게 무슨 문제라도 있나?"

"아까 다리 귀신이 저 그릇 가까이에 가더니 겁에 질려서 도망쳤거든요."

"팥죽! 그거였네요! 귀신이 가장 싫어하는 것."

진영이가 소리쳤다. 님프와 치비의 표정도 금세 밝아졌다. 그렇다면 팥죽을 공동묘지에 있는 귀신의 집에 넣으면 된다. 그러면 그들이 다시는 가축을 잡아먹으러 오지 못할 것이다.

소희 일행은 그날 마량의 아버지 집에서 하룻밤을 묵기로 했다. 아침 일찍 일어나 팥죽을 끓여 공동묘지로 갈 계획이었다.

"살다 보니 이런 집에서 다 자 보네."

마치 조선 시대로 타임머신을 타고 돌아온 것 같은 기분이었다.

"그래도 동굴에서 자는 것보다야 낫지, 뭐."

그렇게 모두 한데 끼여서 잠을 청하려는데, 방이 솔직히 좀 비좁았다.

"여기서는 좁아서 도저히 잘 수가 없네. 나도 그냥 원래 모습으로 돌아와야겠어."

치비가 자기 손으로 뿔을 부러트려 버렸다. 그러자, 연기 속에서 원래의 검은 고양이 치비가 나타났다. 하루 종일 피곤했던 터라 모두 눕자마자 바로 곯아떨어졌다. 모두 한 번도 깨지 않고 기절한 것처럼 쓰러져 있었다. 새벽부터 울어 대는 닭 울음소리에 겨우 잠에서 깰 수 있었다.

"자, 그럼 슬슬 팥죽을 만들어 볼까?"

진영이와 소희가 아저씨를 도와 팥죽을 끓이기로 했다. 치비와 님프는 귀신의 집을 감쌀 천을 챙기는 일을 담당했다. 준비를 다 마친 후에, 모두 함께 어제 갔던 공동묘지로 향했다.

제 17 편

다리 귀신의
영원한 봉인

아침의 공동묘지는 밤과는 분위기가 사뭇 달랐다. 마치 샌드위치 싸서 소풍 가기 좋은 언덕처럼 보였다.

"다시 깃발이랑 평면 도형만 남아 있네."

어젯밤에 귀신들이 나올 때는 평면 도형이 깃대를 빙글 돌면서 입체 도형이 되었다. 지금은 다시 삼각형, 사각형, 반원의 평면 도형이 바람에 펄럭이고 있었다.

"우리가 직접 돌려 보지, 뭐."

치비가 도형들을 노려보며 말했다. 우선, 직사각형 모양이 깃발에 꽂혀 있는 묘지 근처로 걸어갔다. 도착하자마자, 치비가 직사각형을 앞발로 세게 밀었다. 그러자, 도형이 깃발을 중심으로 어제처럼 빙글 돌기 시작했다. 그러면서 원기둥 모양의 공간이 생겨났다.

"됐다! 이 안에 지금도 다리 귀신이 있는 걸까?"

진영이가 물었다.

"설마. 귀신이 낮에도 있을까? 지금은 아무것도 안 보일 것 같은데."

소희의 말에 진영이가 조심스레 원기둥의 윗면 뚜껑을 열어젖혀 보았다. 정말 안에는 아무것도 보이지 않았다.

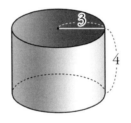

"이제, 이 안에 팥죽을 가득 채우자. 그 노인이 절대 넘쳐흘러서는 안 된다고 했어."

원기둥의 뚜껑에는 $r = 3$이라고 쓰여 있었다.

"그럼, 일단 원기둥 밑면의 넓이를 구해야 해요. 진영 군, 기억나나요?"

님프가 진영이를 바라보며 말했다.

"네, 기억나죠! 코코넛 파이에서 원의 넓이는 둥근 것을 모두 곱했죠. 파이에 메추리알 프라이 2개를 다 곱하는 거였죠? 파이 $(\pi) \times$ 알$(r) \times$ 알(r)!"

"기억력 좋네요. 그럼 얼마일까요?"

"$r = 3$이니까 $\pi \times 3 \times 3 = 9\pi$가 되겠네요. 9π만큼 팥죽을 부어야 할까요?"

"아니지. 그건 밑넓이잖아. 이 원기둥 안에 가득 채우려면 밑넓이에 높이를 곱해야 해."

치비가 불쑥 끼어들었다.

"그렇죠. 이 원기둥의 높이는 4라고 쓰여 있네요. 밑넓이를 알더라도 이 높이만큼 가득 채우려면 4를 곱해야 해요. 어딘가에 뭔가를 채우는 것을 부피라 부르죠."

"그럼 이 원기둥의 부피는 $9\pi \times 4 = 36\pi$겠네요."

진영이가 다시 한번 소리쳤다. 아저씨에게는 한 번에 π만큼씩 팥죽을 뜰 수 있는 그릇이 있었다. 이 그릇으로 36번을 떠서 원기둥 안에 넣어야 했다. 팥죽을 담는 것은 먼저 소희가 해 보기로 했다.

"숫자 틀리지 않게 조심해, 소희야! 절대 넘치거나 모자라면 안 되니까!"

"걱정하지 마. 하나, 둘, 셋, 넷…."

조심스럽게 36번을 채우자 원기둥 안에 팥이 가득 찼다. 기다리고 있던 진영이가 원기둥의 뚜껑을 얼른 닫았다.

"자, 이제 저 삼각형으로 가 볼까?"

두 번째 목표는 삼각형이었다. 이번엔 진영이가 깃대에 꽂힌 삼각형을 손으로 밀어 힘차게 돌렸다. 그러자 이번엔 곧 원뿔이 생겨났다. 소희가 뚜껑을 열자 바닥에는 마찬가지로 $r = 3$이라 쓰여 있었다.

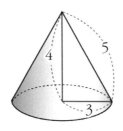

"이것도 $r = 3$이야. 아까 원기둥이랑 같네."

"그럼, 밑넓이는 마찬가지로 $\pi \times 3 \times 3$이니까 9π가 되겠네!"

진영이가 신나서 말했다.

"높이도 아까랑 똑같이 4인 것 같네. 그럼 이 원뿔의 부피도 $9\pi \times 4 = 36\pi$인 건가?"

진영이는 자기가 말하면서도 뭔가 좀 이상하다고 생각했다.

"그럼 원기둥에 들어가는 팥죽이랑 원뿔에 들어가는 팥죽의

양이 똑같다고? 아무리 봐도 여기에 더 적게 들어갈 것 같은데.”

“원뿔은 위로 갈수록 점점 좁아지다가 뾰족해져. 항상 통통한 원기둥이랑 같을 리가 없잖아!”

소희와 치비가 각기 그럴 리 없다고 말했다.

“맞아요. 그래서 뿔의 부피를 구할 때는 뭐든지 마지막에 3분의 1을 해 주어야 해요.”

“3분의 1?”

님프의 말에 소희와 진영이가 동시에 반응했다.

“네, 원기둥의 3분의 1만큼만 채워 넣으면 돼요.”

“그럼, 36π의 $\dfrac{1}{3}$이니까 12π. 12π만 넣으면 된다는 거죠?”

“네, 그렇겠죠?”

이번엔 진영이가 팥죽을 퍼서 넣기 시작했다. 11번을 옮겨 넣고 마지막 1번은 뚜껑에 담고 닫아 버렸다.

“자, 이제 마지막이야. 반원이 있는 곳으로 가자.”

이번엔 소희가 반원을 앞으로 힘차게 밀자, 빙글 돌면서 축구 공같이 생긴 ‘구’의 모습으로 변하였다. 이것도 r = 3이라고 쓰여 있었다. 그런데, 갑자기 님프의 표정이 어두워졌다.

“치비, 혹시 구의 부피 구할 줄 아나요?”

님프의 질문에 치비도 난처한 듯한 표정을 지었다.

"구? 구는 공식이 기억 안 나는데. 설마 님프도 모르는 거야?"

큰일이었다. 여기서 님프나 치비가 모르면 사실 알 방법이 없었다.

"이런, 구까지만 채우면 끝인데."

그때였다. 지금까지 조용히 있던 마량의 아버지가 입을 열었다.

"이렇게 해 보면 어떨까? 여기 내가 가져온 다른 원기둥 모양의 그릇이 있거든. 이것도 r = 3인데. 일단, 여기에 팥죽을 가득 넣어 줄래?"

소희가 아저씨 말대로 그 그릇에 팥죽을 옮겨 담기 시작했다. 모두 어리둥절한 표정으로 그 모습을 지켜보고 있었다.

"다 됐어요!"

"자, 그럼 이제 내가 이 공을 떼어 내볼게."

아저씨가 깃발에 꽂힌 구를 떼어 내더니 팥죽이 가득한 그릇에 완전히 집어넣었다. 그러자 팥죽이 아래로 흘러넘치기 시작했다.

"아저씨, 이거 다 흘러내리는데."

수학을 잘하는 님프와 치비 모두 대체 무슨 영문인지 알 수 없었다. 아저씨는 그러더니 다시 구를 그릇에서 꺼냈다. 그러자 원기둥 그릇의 팥죽이 일부만 남게 되었다.

"자, 이 구에 담을 수 있는 팥죽의 양은 원기둥 그릇에서 비워

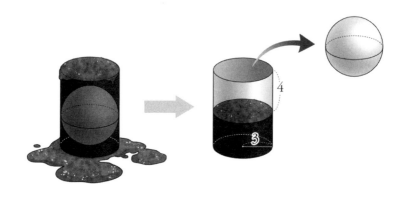

진 만큼이겠지?"

"우오!"

진영이가 감탄하여 소리쳤다. 그랬다. 구를 넣었을 때 넘쳐흐른 만큼이 구의 부피가 된다. 구의 부피를 직접 구할 줄은 몰랐으나 원기둥 그릇에서 빈 부분의 부피는 구할 수 있었다.

"원기둥의 $r = 3$이니까 일단 밑넓이는 $\pi \times 3 \times 3 = 9\pi$야. 근데, 비어 버린 부분의 높이가 4니까 $9\pi \times 4 = 36\pi$. 구의 부피도 36π가 될 거야."

"좋아, 그럼 팥죽을 π 크기 그릇으로 36번 퍼서 넣으면 될 것 같네."

이번엔 치비가 구의 뚜껑을 열고 팥죽을 넣기 시작했다.

"자, 이제 다 넣었다."

마지막 36번째 팥죽을 넣고 구의 뚜껑을 완전히 닫아 버렸다.

"이제 다리 귀신들이 다신 못 나오겠지?"

진영이가 기쁨에 가득 찬 목소리로 말했다. 그때였다. 이미 팥죽을 가득 넣은 원기둥 안에서 뭔가 쿵쾅거리는 소리가 들렸다. 다리 귀신 한 마리가 잠에서 깨어난 모양이었다.

"아니, 아직 할 일이 남았어. 이제부터 천으로 감싸야지!"

그랬다. 노인은 분명 귀신이 가장 싫어하는 것을 가득 넣은 다음 천으로 감싸라 말했다.

"천으로 감싸려면 입체 도형 집들의 겉넓이를 알아야겠군."

치비가 혼자 중얼거렸다. 소희 일행은 서둘러 시끄러운 소리를 내는 원기둥으로 향했다.

"이것부터 끝내자. 천으로 겉을 감싸려면 넓이를 알아야 해. 위아래는 우선 쉽게 할 수 있을 것 같네. 밑넓이가 $\pi \times 3 \times 3 = 9\pi$였잖아. 위아래로는 각각 9π 정도의 천이 필요하겠네."

치비의 말에 따라, 진영이가 원 모양으로 천을 자르기 시작했다.

"위아래는 됐으니 옆넓이도 알아야 할 것 같은데."

소희가 원기둥을 감싸 안아 보았다. 하지만 넓이를 구할 방법은 좀처럼 알 수 없었다.

"이걸 펴 본다고 생각하면 어떨까?"

"이 부분을 편다고?"

소희는 전혀 상상도 못 했던 생각이었다. 치비가 한쪽 구석에서 나뭇가지를 주워 왔다. 그러고는 땅바닥에 그림을 그리기 시작했다.

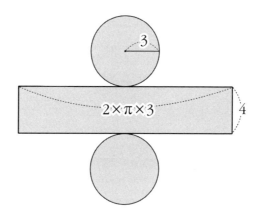

"이걸 펴면 옆면은 사각형 모양이 될 거야. 그러면 옆넓이는 이 사각형의 넓이를 구하면 되겠지? 세로 길이는 4였지?"

"응, 맞아. 그럼 이제 가로 길이만 알면 되겠네?"

하지만 가로 길이는 어디에도 쓰여 있지 않았다.

"어, 근데 가로 길이가 뚜껑 모양의 원을 빙글 도는 길이와 같을 거야."

"그럼, 원을 한 바퀴 돌 때 길이만 알면 된다는 거지?"

소희는 여전히 쉽지 않다고 생각했다. 그때, 천을 자르던 진영이가 소리쳤다.

"그건 파이 가게에서 해 봤던 것 같아. 원의 둘레를 알려면 지름, 그러니까 반지름 2배인 $2r$에 π를 곱하면 돼."

"그럼 반지름 $r = 3$이니까 $2 \times 3 \times \pi$는 6π겠네. 이게 사각형의 가로 길이야. 세로 길이인 높이 4를 곱하면 $6\pi \times 4 = 24\pi$야."

소희의 말이 끝나자마자 아저씨가 천을 가로로 6π, 세로로 4만큼 잘랐다. 원기둥의 옆면에 대어 보니 정확하게 딱 맞았다. 진영이가 자른 두 개의 천도 위아래로 붙였다.

"됐어. 이제 이 녀석은 다시는 나오지 못할 거야."

봉인을 끝내자, 원기둥 안이 다시 조용해졌다. 다음은 원뿔 모양의 집 차례였다.

"이것도 아래는 쉽네. $r = 3$이니까 $\pi \times 3 \times 3 = 9\pi$야."

일단, 밑바닥은 넓이가 9π인 천으로 쉽게 감쌀 수 있었다.

"뾰족한 부분이 문제인데….."

"걱정하지 마. 원뿔의 겉넓이 구하는 공식은 내가 잘 기억하고 있어."

치비가 자신 있게 말했다.

"우선, 밑넓이는 구했지?"

"응."

"밑넓이는 π×r×r 이었잖아. 옆넓이는 r 하나만 l로 바꾸면 돼."

"그럼 π×r×l이라고?"

"응, l은 여기 원뿔에서 비스듬한 부분의 길이야. 이것을 원뿔의 '모선'이라고 하지. 5라고 쓰여 있네?"

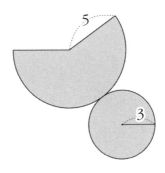

"그럼, π×3×5니까 15π겠네. 원뿔의 뾰족한 부분은 넓이가 15π인 천으로 감싸면 될 것 같아."

아저씨가 또다시 서둘러 천을 잘라 와서 원뿔 위에 붙였다.

"밑넓이는 9π였으니까 둘을 더하면 전체 겉넓이는 24π겠군."

원뿔의 밑면까지 천으로 깔끔하게 붙였다. 이제 봉인해야 할 귀신의 집은 딱 하나가 남은 상태였다. 이번 모양은 구였다. 마치 공이 터져 버릴 것같이 쿵쾅거리는 소리가 들리기 시작했다.

"이 다리 귀신은 특히 힘이 센가 봐요. 구를 뚫고 곧 나올 것만 같아요!"

"빨리 서둘러야겠어요. 구는 축구공 모양이잖아요. 정중앙의 원 넓이에 4배만 해 주면 겉넓이를 구할 수 있어요."

님프가 다급하게 외쳤다.

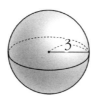

"구도 $r = 3$이었으니까. 정중앙의 넓이는 $\pi \times 3 \times 3 = 9\pi$겠지. 이거에 4배만 해 주면 된다고?"

"응, 그럼 36π가 되겠네."

"구의 넓이 구하는 공식을 아니까 진짜 빨리 구할 수 있구나."

마지막으로 36π 넓이의 천을 잘라 구를 완전히 감싸 버렸다. 봉인이 마무리되자, 그렇게 시끄럽던 귀신의 집들이 금세 쥐 죽은 듯 조용해졌다.

제 **18**편

빨간 깃털의
요괴

"아저씨, 이제 다시는 다리 귀신들이 찾아올 일 없을 거예요."

소희가 기쁨에 가득 찬 표정으로 말했다.

"정말 고맙네. 덕분에 한시름 놓을 수 있게 되었어."

모두 한 마음으로 움직인 덕에 문제를 빨리 해결할 수 있었다.

"자네들은 이제 어찌할 터인가?"

"저희는 다시 인간 세계로 돌아가고 싶어요."

진영이가 솔직한 심정을 털어놓았다.

"도움을 받았으니 나도 뭔가 자네들에게 해 줘야 하지 않겠나. 내가 그럼 아들놈한테 가서 말을 해 주지."

"정말요?"

그의 말에 모두 놀라서 동시에 소리쳤다. 그래서 그 노인이 공동묘지로 가라 했던 거였구나! 마량의 아버지가 함께 가서 말해 준다면 어쩌면 무사히 인간 세계로 돌아갈 수 있을지 몰랐다.

"그런데, 여기서부터 '그분'이 사는 곳엔 어떻게 가죠?"

소희가 님프에게 물었다. 님프는 사실 여기에서 가는 길은 모르고 있었다. 님프가 아무 말도 못 한 채 가만히 있자, 마량의 아버지가 다시 입을 열었다.

"그거라면 걱정하지 말게. 내가 아들한테 볼일이 있을 때마다 가는 방법이 있으니."

아저씨는 소희 일행을 모두 이끌고 다시 자신의 초가집 근처로 돌아왔다.

"여기 곳간으로 들어갑시다."

그가 집 뒤에 있는 또 다른 건물을 손가락으로 가리켰다. 마치 작은 창고 같아 보였다. 그가 문에 걸린 자물쇠를 열자, 모두 함께 곳간 안으로 들어갈 수 있었다. 바닥에는 진영이와 님프에게 익숙한 모양이 보였다.

"마법의 정오각형."

"그렇지. 어떻게 알고들 있구먼?"

진영이가 혼자 중얼거린 말에 아저씨가 반응했다.

"네, 사실 지난번에 한 번 이걸로 이동한 적이 있었어요."

"이걸 이용하면 아들놈이 사는 섬으로 단번에 갈 수 있지."

모두가 서둘러 마법의 정오각형 위에 올라서서 눈을 감았다. 그때처럼 마음속으로 떠날 곳을 떠올려 보았다. 이번에는 마량이 사는 아름다운 섬이었다.

소희는 약간 어지러운 듯한 느낌이 들었다. 진영이는 지난번처럼 배가 너무 고프다고 느꼈다. 그렇다면 분명 이미 이동해 온 것이리라. 진영이부터 차례로 천천히 눈을 떠 보았다.

그곳은 6개월 전 그들이 왔던 바로 그 장소였다. 새들이 지저귀고 나뭇가지가 바람에 산들거리는 아름다운 섬. 소희와 진영이는 그 모습을 어제 일처럼 또렷하게 기억하고 있었다.

"아들아."

아저씨가 크게 소리쳤다. 그 목소리에 응답이라도 하듯, 어디선가 갑자기 회오리바람이 몰아치기 시작했다. 진영이와 소희는 눈에 흙이 들어갈까 봐 팔로 눈을 가렸다. 치비는 몸을 낮게 낮추어 경계하는 자세를 취했다.

이내 바람 속에서 익숙한 얼굴의 마량이 모습을 드러냈다. 그는 먼저 자신의 아버지를 한번 바라보더니, 곧이어 소희 일행을 살펴보았다. 마지막으로 그의 눈이 멈춘 곳은 치비였다.

"네가 어떻게 여기에 있지?"

치비는 잔뜩 화가 난 표정으로 날카로운 이빨을 드러내고 있었다.

"마량아, 이제 됐다. 그만하고, 이자들을 다시 인간 세계로 보내 주거라."

마량의 아버지가 치비를 노려보는 마량에게 부탁했다.

"아버지. 아무리 아버지의 부탁이라도 그것만은 거절하겠습니다. 저자들은 이곳의 질서를 무너트리고 있어요. 근데, 저 고양이 녀석은 대체 어떻게 서커스단에서 빠져나온 거지?"

마량의 표정이 다시 험상궂게 바뀌었다. 아버지 말도 무시하다니. 이대로 돌아갈 수 없는 걸까? 다들 낙담한 표정으로 아무 말도 할 수 없었다.

"지금 이럴 때가 아니에요. 누군가가 당신을 제거하기 위해 오고 있단 말이에요!"

갑자기 침묵을 깬 것은 뜻밖에도 님프였다. 마량이 어이없다는 표정을 지었다. 당황하기는 소희와 진영이, 치비도 마찬가지였다. 그런 이야기는 지금까지 한 번도 들어 본 적이 없었다.

"이건 또 무슨 수작이야?"

"혹시 최근에 다시 빨간 깃털을 보았나요?"

님프의 말을 듣자마자, 마량의 표정이 굳어 버렸다.

"그걸 어떻게 알았지? 네가 인간 세계에 가 있는 동안 살인예고 편지가 왔지. 거기에 빨간 깃털이 달려 있긴 했어."

"그자들이 곧 여기로 들이닥칠 거예요. 당신을 죽이고 툴리아의 새로운 지배자가 되기 위해."

님프가 다급한 목소리로 말했다.

"그래 봤자 소용없어. 난 이미 툴리아에서 가장 강하기로 유명한 요괴들의 약점을 수십 년 동안 모아 왔어. 어떤 놈이 오더라도 그 요괴의 나이대만 알아내면 약점을 공략하여 쓰러트릴 수 있지."

수십 년씩이나? 소희는 마량의 집념이 대단히 강하다고 생각했다.

"하지만 적이 자신의 정체를 숨긴다면 어떨까?"

갑자기 목소리를 높인 것은 치비였다.

"정체를 숨긴다고? 그런 게 가능하리라 생각하나?"

"물론, 가능해요. 저희도 뿔이 달린 요괴로 변했었거든요. 적들이 바보처럼 본모습 그대로 오리라 생각하는 건 아니죠?"

"음…."

님프의 말에 마량도 미처 그것까지는 생각지 못했다는 반응을 보였다.

"그래서 너희가 가진 대책이라도 있나?"

"어떤 녀석들이 쳐들어올지 미리 알려 줄 수 있어요. 분명 막아 내는데 도움이 될 거예요."

그런 방법이 있었나? 모두 님프를 걱정스럽게 바라보았으나 님프는 단호한 표정이었다. 마량은 잠시 고민하는 것 같더니, 이내 자신을 따라오라 말했다. 그가 데려온 곳에는 거대한 바위들이 여러 개 둘러싸여 있었다. 신기하게도 바위마다 한쪽 면이 마치 칠판처럼 편평했다. 그중 한 바위에는 여기저기 숫자들이 적혀 있었다.

"이 숫자들은 다 뭐지?"

소희가 혼자 중얼거렸다.

"이건 툴리아에서 공격성이 가장 강한 요괴들의 나이야."

"14도 보이네요. 그럼, 14살밖에 안 된 요괴라는 건가요?"

"그렇지. 인간 세계처럼 꼭 성인이 되어야 더 강해지는 게 아니야. 때론 14살이 30살을 이길 수도 있는 것이 이곳 툴리아지."

마량이 우선, 여기 표시된 요괴들을 나이가 비슷한 집단끼리 나누어 보자고 제안하였다. 그가 나무줄기를 몇 개 뜯어 왔다. 그리고 한 줄기에 돌로 '1'이라고 새겨 넣었다.

"자, 이 줄기는 10대인 요괴들 나이를 적으면 돼. 잎에는 나이 뒷자리 숫자만 적으면 돼."

바위에 적혀 있는 10대인 요괴들의 나이는 12, 14, 18로 다양했다. 하지만 마량이 이미 줄기에 '1'을 적었기 때문에 거기 달린 잎에다가는 각각 2, 4, 8만 적어도 줄기와 잎의 숫자를 조합하면 나이를 알 수 있었다.

"그럼 여긴 내가 담당할게요."

진영이가 10대인 요괴들의 나이를 정리하기로 했다. 마량은 연이어 나무의 줄기 하나마다 2, 3, 4, 5를 적었다. 마량의 아버지는 많이 지쳐 있어 쉬기로 했고, 나머지가 각각 나뭇가지 하나씩을 담당하기로 했다. 20대는 소희, 30대는 치비, 40대는 님프, 50대는 마량이 담당하기로 했다.

공격성이 강한 요괴들의 나이	
줄기	잎
1	2, 4, 8
2	0, 0, 3, 4, 9
3	1, 3, 5, 5, 7, 8
4	2, 5, 6, 9
5	6, 7

"20대에는 20살이 2마리나 있네."

"다 정리가 된 것 같아요."

"이렇게 정리하니 한결 보기 편하군."

요괴들의 나이를 줄기와 잎 그림으로 모두 정리하였다. 공격성이 강한 요괴들은 생각보다 꽤 많았다.

"그래도 아직 이 방식으로는 나이대별로 요괴가 몇 마리씩 있는지 한눈에 알기 어려워. 각자 자기가 담당했던 줄기에 몇 마리씩 있었는지 세어 줘."

마량의 말에 각자 숫자가 적힌 잎의 개수를 세기 시작했다.

"10대에는 총 3마리예요."

"30대는 총 6마리야. 도수가 6마리인 거지."

도수분포표

요괴의 나이	도수(마리)
10 이상 ~ 20 미만	3
20 이상 ~ 30 미만	5
30 이상 ~ 40 미만	6
40 이상 ~ 50 미만	4
50 이상 ~ 60 미만	2
합계	20

한 명씩 숫자를 부르기 시작했다. 치비가 '도수'라는 말을 처음 사용했다. 모두 정리하고 보니, 하나의 도수분포표로 나타낼 수 있었다.

"우선, 가장 도수가 많은 계급은 내가 조사한 '30 이상~40 미만'이야. 6마리니까."

이번엔 치비가 '계급'이란 말을 썼다. 소희는 그게 아마 나이대별로 나눈 구간을 의미한다고 짐작했다. 그럼, 소희가 담당했던 계급은 20 이상~30 미만인 셈이다.

"편하게 계급값으로 부르기로 하죠?"

"계급값?"

님프의 제안에 진영이가 되물었다.

"네, 각 계급을 대표하는 숫자예요. 예를 들어, '30 이상 40 미만'인 계급은 30과 40의 중앙에 있는 숫자를 계급값으로 부르는 거죠."

"그럼 35가 계급값이란 말이죠?"

진영이의 말에 님프가 맞았다는 의미로 싱긋 웃어 보였다.

"자, 그럼 이제부터가 중요해요. 미래를 보는 노인은 '산꼭대기까지 올라갔다가 내려와서 처음 쉬는 곳'을 조심하라고 했어요."

"산꼭대기에서 내려간다는 게 대체 무슨 말이야?"

도수분포표까지 만들어서 정리했으나 노인이 말한 수수께끼의 의미를 알아내지는 못했다.

"아직 잘 모르겠네요. 다른 방식으로 표현해 보는 건 어떨까요? 그러다 보면 좋은 아이디어가 떠오를지도 몰라요."

"그럼 '상대도수'로 표현해 보는 건 어때?"

치비가 새로운 제안을 했다. 소희와 진영이는 여전히 어리둥절한 표정이었다.

"상대도수도 괜찮은 방법이죠."

"그게 뭐야? 상대도수?"

"일단, 각 나이대별 구간을 '계급'이라 부를게. 상대도수는 전체 중에 한 계급이 어느 정도 비율을 차지하는지 보여 주는 거야."

소희는 '계급', '상대도수', '비율'이란 말까지 도대체 무슨 말인지 이해하기 어려웠다.

"아까 전체가 몇 마리라 했지?"

"총 20마리."

"그럼 그중에 제일 인원이 많은 계급은 '30 이상~40 미만'이었지. 거기는 6마리였어. 그럼 전체 20마리 중 6마리니까 $\frac{6}{20}$을 계산해서 나온 값이 상대도수야. 분수를 소수로 표현하면 0.3이 되겠지. 그럼, 아까처럼 각자 자기가 담당한 곳을 상대도수로 계산해 보자.”

치비의 말에 따라, 10대를 담당했던 진영이가 땅바닥에 나뭇가지로 식을 쓰기 시작했다.

“‘10 이상~20 미만’은 3마리였어. 전체 20마리 중 3마리니까 $\frac{3}{20}$이야. 0.15겠네.”

20대를 담당한 소희도 바로 숫자를 쓰기 시작했다.

“‘20 이상~30 미만’은 5마리니까 $\frac{5}{20}$, 소수로 표현하면 0.25 야.”

그렇게 하나씩 숫자를 채워 나가면서 새로운 바위벽에 상대도수를 완성하였다.

“전체를 다 더하면 1이 되는군.”

상대도수

요괴의 나이	상대도수
10 이상 ~ 20 미만	0.15
20 이상 ~ 30 미만	0.25
30 이상 ~ 40 미만	0.3
40 이상 ~ 50 미만	0.2
50 이상 ~ 60 미만	0.1
합계	1

"하지만 여기도 노인이 말한 '산' 같은 건 보이지 않는데. 대체 뭘까?"

모두 상대도수를 멍하니 바라볼 뿐이었다. 마량은 조금 초조한 듯 제자리에서 빙글빙글 맴돌고 있었다. 님프는 그런 마량의 모습을 안타깝게 바라보고 있었다.

"님프, 그러면 히스토그램으로 표현해 보는 건 어떨까?"

도수분포표와 상대도수를 유심히 바라보던 치비가 또다시 새로운 제안을 했다.

"히스토그램?"

"어, 지금 도수분포표나 상대도수도 물론 좋은 표야. 근데, 계급의 도수를 한눈에 보기 좋게 알 수 있는 건 역시 히스토그램이야."

"네, 그것도 좋은 생각인 것 같아요. 그럼 부탁해요, 치비."

치비가 비어 있는 바위벽 하나에 표를 그리기 시작했다. 얼마 후 완성된 그림은 여러 개의 사각형이 촘촘하게 붙어 있는 모습이었다. 소희와 진영이는 생전 처음 보는 낯선 그림이었다.

제 19편

요괴들의
숨겨진 약점

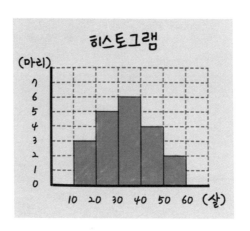

"이게 히스토그램이야. 우선 밑에 있는 숫자 중에 원하는 계급을 찾으면 돼. 20대의 도수를 알고 싶다면 여기 20하고 30 사이에 있는 사각형의 높이를 보면 되지. 왼쪽에 있는 숫자를 보면 높이가 5인 것을 알 수 있겠지? 도수는 5라는 말이지."

"아, 이게 정말 한눈에 어디가 많고 어디가 적은지 알기 쉬운 것 같아."

소희가 감탄하여 소리쳤다.

"도수가 점점 커지다가 계급값이 35인 부분부터는 점차 작아지고 있어."

진영이가 히스토그램을 유심히 살피더니 말했다. 계급값이 35인 곳은 30하고 40 사이였다.

"뭔가 수수께끼가 풀릴 듯 풀리지 않네요. 제가 마지막으로 도수분포다각형도 그려 볼게요. 좀 더 쉽게 비교할 수 있을 거예요."

님프가 마법을 부리듯 허공에 손을 휘두르자 히스토그램 위에 빨간 선이 쭉 그려지기 시작했다.

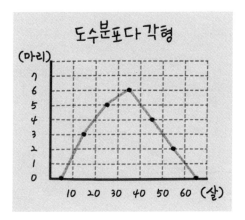

"이거 빨간 선이 마치 산의 고개처럼 꾸불꾸불하네."

진영이가 무심코 한 말에 치비와 님프가 동시에 '앗' 하고 감탄사를 뱉었다.

"산이라고?"

"그래 맞아, 그 노인은 도수분포다각형을 보고 산이라고 말한 거였어!"

"엥?"

진영이가 어리둥절한 표정으로 치비를 바라보았다.

"맞아요. 그렇다면 산의 정상이라고 말한 부분이 가장 높은 곳이겠죠? 계급값이 35인 곳, 30 이상 40 미만인 곳이에요."

님프가 힘이 넘치는 목소리로 말했다.

"그렇다면 노인이 말한 산꼭대기에서 내려와서 처음 쉬는 곳은, 40 이상 50 미만인 여기 같아요!"

소희가 손가락으로 한곳을 가리키며 말했다. 가만히 지켜보던 마량이 감격의 환성을 질렀다. 결국, 모두 포기하지 않고 노력한 끝에 이곳을 침략해 올 요괴들을 알아낸 것이다.

"그럼 40대인 요괴들이 온다는 말이지?"

마량이 침착한 목소리로 말했다. 그리고 요괴들의 약점을 정리해 놓은 종이를 들여다보기 시작했다. 한참을 살펴보던 그가 갑자기 표정이 굳은 채, 종이를 그대로 바닥에 떨어트렸다.

'하필이면 이런 거라니.'

사실상 마량 혼자 힘으로는 어찌할 수 없는 방법이었다. 그때였다. 소희가 등 뒤에서 이상한 낌새를 느꼈다. 얼른 뒤를 돌아보니, 거대한 검은 그림자 세 마리가 모습을 드러냈다.

"앗, 아까 열차에서 봤던 요괴들이야."

"저 녀석들, 어떻게 여기까지 온 거지? 여기로 올 수 있게 열어 둔 통로는 아버지 창고에 있는 마법의 정오각형밖에 없을 텐데."

마량이 뿔이 달린 요괴들을 보며 당황하여 말했다.

"설마, 저놈들 우리를 미행한 거 아니야?"

이번엔 치비가 소리쳤다.

"이런. 그러고 보니, 아까 창고 문을 그대로 열어 둔 채 왔군."

마량의 아버지도 이제야 자신의 실수를 알아차렸으나 때는 이미 늦었다. 세 마리의 요괴는 각기 원뿔, 삼각뿔, 사각뿔을 달고 있었다. 코코넛을 먹고 원래의 모습을 숨기고 있는 것이 분명했다.

"마량, 이 녀석. 건방진 네놈 목숨도 이제 끝이다!"

세 마리의 요괴는 동시에 마량에게 달려들기 시작했다. 하지만 마량은 침착하게 자리에 멈춰 서서 조용히 눈을 감고 있을 뿐

이었다. 그들이 마량을 마구 때리고 할퀴기 시작했다. 마량의 얼굴과 몸에 상처가 나기 시작했으나 그는 여전히 가만히 있을 뿐이었다.

"뭐 하고 있는 거야? 왜 가만히 있어?"

치비가 그의 행동이 이상하다고 생각했다. 님프는 안타깝게 그를 바라보고 있을 뿐이었다. 원뿔 요괴가 뒤에서 마량의 머리를 굉장히 세게 내리쳤다. 마량은 그대로 앞으로 고꾸라졌다.

"제발…."

님프의 눈에서 눈물이 흐르기 시작했다. 소희도 발을 동동 구르고 있을 뿐이었다. 치비는 재빨리 아까 마량이 떨어트린 종이가 있는 곳으로 달려갔다. 그리고 40대인 요괴들을 퇴치하는 방법을 찾아보았다.

40대 요괴 퇴치법 :

요괴의 눈알 깊숙하게 요정의 눈물을 뿌리시오.

'요정의 눈물이라고?'

우리 중에 요정이라면? 치비는 재빨리 님프가 있는 곳으로 달려갔다. 그리고 님프에게 귓속말로 요괴 퇴치법을 알려 주었다.

세 마리의 요괴들은 이미 바닥에 쓰러진 마량을 마구 짓밟고 있었다. 마량은 거의 죽기 일보 직전이었다.

님프가 순식간에 하늘 높이 날아올랐다. 그러고는 마량과 요괴들의 위쪽으로 날아갔다. 하지만 요괴들은 님프에게는 전혀 관심이 없었다. 이래서는 요괴의 눈알에 님프의 눈물을 집어넣을 수 없었다. 그때였다.

"마량, 위험해! 위를 조심해!"

치비가 마치 마량이 위험한 상황에 놓인 것처럼 연기하며 크게 소리 질렀다. 그러자, 요괴들이 동시에 무슨 일인가 하고 위쪽을 바라보았다. 님프가 그때를 놓치지 않고 재빨리 얼굴을 좌우로 마구 흔들자, 눈에서 흐르던 눈물이 자연스럽게 요괴들의 얼굴로 떨어졌다.

"으악. 이게 뭐야?"

"너무 뜨거워!"

님프의 눈물이 눈알 깊숙하게 스며들자, 요괴들이 한 마디씩 비명을 질렀다. 그들의 온몸에서 연기가 나면서 몸이 점점 녹아내리기 시작했다. 요괴들은 절규하면서 점차 자신들의 본래 모습으로 돌아오고 있었다. 등 뒤에는 커다란 자줏빛 날개가 달려 있고 눈이 툭 튀어나온 괴팍한 모습이었다. 눈에 띄는 것은 양쪽 날개에 빨간 깃털들이 잔뜩 달려 있었다는 점이다. 엄청난 악취를 내뿜던 그들은 결국 순식간에 싸늘한 시체가 되어 버리고 말았다.

"고마워."

얼굴과 몸이 온통 상처투성이가 된 마량이 수줍은 듯 한마디 내던졌다. 그에게서 처음으로 듣는 따스한 말이었다.

"우리 어머니를 죽인 게 분명 저들이야. 이번에는 나까지 노리고 있어서 요즘 계속 신경이 날카로운 상태였어."

마량은 치비에게로 시선을 돌리더니 말을 이었다.

"사실 처음에는 치비에게 서커스단의 동물들을 훈련시키는 일을 맡겼어. 근데, 치비가 그건 절대 못 하겠다 하더군. 동물들을 학대하는 행위라면서 나보고 당장 그만두라는 거야. 홧김에 치비를 외줄 타면서 묘기 부리는 서커스 동물 중 하나로 만들어 버렸지. 내가 그렇게 사악한 행동만 했는데도 너희들은 날 위해 어머니의 복수를 도와주었구나."

마량의 눈에서 눈물이 흐르기 시작했다.

"난 어머니가 돌아가신 이후로 지금까지 아무도 믿지 않았어. 하지만 이제 조금은 누군가를 믿을 수도 있을 것 같아."

마량의 아버지가 그에게 다가가 가볍게 포옹을 했다. 님프도 울음을 그치고 마량의 곁으로 날아갔다.

"님프, 그동안 고마웠어요."

이제 작별의 시간이 왔다. 님프는 예전처럼 다시 마량의 곁에서 그를 돕기로 했다.

"이곳 툴리아를 더 따뜻한 곳으로 만들기 위해 노력할게요. 여러분도 부디 인간 세계를 좀 더 행복하게 만들어 가기를 바라요."

마량은 요괴의 노예들과 서커스단의 동물들도 모두 자유롭게 풀어 주기로 약속하였다. 소희의 눈에 눈물이 살짝 고였다. 이곳 툴리아에서의 경험은 아마 평생 잊지 못할 것이다.

"근데 말이야."

이제 거의 모든 게 정리된 시점에 치비가 입을 열었다.

"난 이제 인간 세계로 돌아가면 다시 말을 할 수 없단 말이지."

"어, 꽤 답답하겠다."

"아니, 그거야 원래 익숙해. 문제는 할머니를 아프게 한 범인, 그자를 잡아야 하잖아."

소희가 고개를 연신 끄덕였다. 치비는 할머니를 끔찍이 생각하고 있었구나.

"근데, 내가 말을 못 하면 돌아가서도 범인을 찾는 데 도움이 되기 어렵단 말이지.”

“걱정하지 마. 나도 끝까지 도울 테니까.”

진영이가 우렁찬 목소리로 거들었다. 소희는 치비와 진영이가 곁에 있다는 사실이 얼마나 감사하고 다행인지 몰랐다.

“그래, 인간 세계에선 너희 둘의 역할이 정말 중요해. 사실 내가 서커스단에 갇혀 있으면서 생각한 아이디어가 있어. 이름하여 지하실 범인 잡기 대작전!”

치비는 범인을 잡기 위해 자신이 그동안 고심하여 생각한 방법을 두 사람에게 모두 털어놓았다.

“혹시, 그 할머니라는 게 선아 씨를 말하는 건가?”

뒤에서 대화를 엿듣던 마량이 말했다.

“네, 맞아요. 저희 할머니 이름이 박선아. 할머니에 대해 아시나요?”

소희의 물음에 마량은 가볍게 고개를 끄덕였다. 하지만 그 이상 어떤 말도 하지 않았다.

“자, 그럼 이제 돌아갈 시간인가.”

소희와 진영이, 치비가 마치 무대 위에 서듯 가운데로 모여 섰다. 마량의 곁에는 그의 아버지와 님프가 있었다. 마량이 소희 일행을 향해 한 발 앞으로 나섰다.

"모두 잘 돌아가기를 바라. 그리고 소희 양이라 했던가? 선아 씨에게도 꼭 안부 전해 주기를."

소희는 세차게 손을 흔들면서 꼭 그렇게 하겠다고 외쳤다.

마량이 주문을 외우기 시작하자 엄청난 회오리바람이 불면서 주변의 풀과 나무들이 마구 흔들리기 시작했다. 이미 예전에 한 번 경험했으나 소희에게는 여전히 긴장되는 순간이었다. 눈 깜짝할 사이에 소희, 진영, 치비의 모습이 그들의 시야에서 완전히 사라져 버렸다. 거친 바람도 언제 그랬냐는 듯이 금세 멎어 버리고 말았다.

제 **20**편

지하실 범인 잡기 대작전

 소희가 먼저 정신이 들어 몸을 일으켰다. 이번에도 지하실에 그대로 누워 있는 상태였다. 옆에는 진영이가 아직 엎드린 채 쓰러져 있었다. 치비는 이미 일어나서 문 쪽을 바라보고 있었다.

"이번에는 우리 모두 무사히 잘 돌아왔구나."

그때, 지하실 문이 열리면서 밝은 빛이 지하실 안으로 비추어졌다. 소희는 눈이 부셔서 오른쪽 팔로 눈을 가렸다. 팔 아래로 살며시 누군지 살펴보니 다행히 할머니였다. 소희는 바로 일어나서 할머니를 향해 달려갔다.

"할머니!"

할머니는 소희를 힘껏 부둥켜 안아 주었다.

"장하다, 우리 손녀. 치비까지 데리고 잘 돌아왔구나."

진영이도 게슴츠레하게 눈을 떴다. 눈앞에 할머니와 소희가 껴안고 있는 모습을 보고 자연스레 입가에 미소가 번졌다.

할머니는 모두 무사히 돌아온 기념으로 정원에서 바비큐 파티를 열자고 제안하셨다. 치비도 함께 고기와 해산물을 구워 먹기로 했다. 그날 저녁은 정말 아무 생각 없이 파티를 즐겼다. 모두 함께 배가 터지도록 먹으면서 웃고 떠들었다. 소희는 문득 님프 생각이 나기도 했다.

'각자 자신의 길이 있는 거겠지.'

다음 날, 소희는 아침 일찍 할머니에게 조심스레 말을 꺼냈다.

"할머니, 제가 치비를 좀 데려가도 될까요?"

치비가 말한 작전 1단계는 우선 모두가 서울로 가는 것이다.

"응? 치비를? 무슨 일로?"

사실 치비의 계획은 이러했다. 치비는 범인이 지하실에 찾아온 날, 그의 냄새를 기억하고 있었다. 다시 범인을 만나기만 하면 그가 같은 사람인지 알 수 있다는 것이었다. 지금 가장 의심이 되는 사람은 대학교수인 아빠의 친구였다. 치비가 그 사람 주변으로 다가간다면 냄새로 그가 범인인지 알아낼 수 있었다. 하지만 할머니에게 이런 계획을 말씀드렸다간 걱정만 하실 게 뻔하다. 일단, 할머니에겐 작전을 비밀로 하기로 했다.

"너무 정들어서요. 딱 일주일만 같이 지내다가 다시 데려올게요."

"그래, 방학도 아직 많이 남았으니. 그럼 그렇게 하렴."

그렇게 서울행 버스에는 셋이 함께 타게 되었다. 소희, 진영이, 그리고 치비. 치비는 버스에 타기 위해 어쩔 수 없이 케이지 안에 넣어야 했다. 진영이는 서울에 계신 친척 집에서 묵기로 했다.

"그러니까, 무작정 너희 아빠 친구의 대학교를 찾아간다고?"

"응, ○○대학교 수학과 김봉수 교수님이야. 일단 가까이 다가가기만 하면 돼. 그럼 치비가 얼마든지 냄새를 맡을 수 있어."

"근데, 지금 우리가 방학 중이잖아. 대학교도 방학이면 교수님도 안 계신 거 아니야?"

"아, 그런가? 그 생각을 못 했네."

소희가 어안이 벙벙해진 표정으로 말했다. 벌써 다 같이 서울로 향하고 있는데 이대로 계획이 무산되면 큰일이었다. 소희는 계속 머리를 굴려 보았다. 좋은 방법이 없을까?

'그래, 일단 아빠한테 물어보자.'

소희는 아빠에게 문자를 보내기로 했다.

아빠, 대학교 교수님들은 방학 때 학교 안 가요?

답장을 기다리는 동안 너무 초조했다. 안 간다고 하면 어쩌지? 진영이와 치비한테 서울 구경이나 시켜 줘야 하는 걸까? 20분쯤 지나 핸드폰에서 진동이 울렸다. 소희는 긴장된 마음에 실눈을 뜨면서 문자를 확인해 보았다.

내 친구 보니까 매일은 아니고 가긴 가는 거 같던데. 갑자기 그건 왜 묻니?

가긴 간다니 그나마 다행이었다. 만약 오늘 안 되면 내일, 매일매일 찾아간다면 한 번쯤은 만날 수 있겠지.

아니요, 친구가 자꾸 안 간다고 그래서 알고 싶었어요.

아빠한테 거짓말하는 것이 신경 쓰였으나 어쩔 수 없었다. 고양이가 냄새로 범인을 찾아낼 거라고 말하는 순간 딸의 정신이 이상해졌다고 생각하실 게 뻔했다. 겨우 문제가 해결되자 급속도로 잠이 몰려오기 시작했다. 소희가 잠들기 무섭게 진영이도 곯아떨어졌다. 케이지 안에 있는 치비만 눈을 뜨고 있었다. 얼른 서울에 도착해서 자유롭게 도시를 뛰어다니고 싶었다.

"지하철 처음 타 봐. 두근두근해."

소희가 진영이를 이끌고 지하로 내려가자 진영이는 신기한 눈으로 여기저기를 살폈다. 치비는 서울에 도착하면 밖으로 나올 수 있는 줄 알았다. 하지만 지하철을 타기 위해 여전히 케이지 안에 있어야 해서 금세 시무룩해졌다.

지금 시간은 오후 3시, 늦기 전에 바로 ○○대학교로 향하기로 했다. 작전 2단계였다. ○○대학교는 2호선에 있는 지하철역에서 가까웠다. 대학교에 처음 가 보니, 소희와 진영이가 다니는 중학교보다도 훨씬 컸다.

"여기서 대체 김봉수 교수님을 어떻게 찾지?"

소희와 진영이는 학교 안을 걸어 다니는 대학생들에게 여러 차례 물어보면서 겨우 수학과 건물을 찾았다. 건물 1층 게시판에 교수 이름과 연구실 번호가 적혀 있었다.

"김봉수 교수님은… 403호야."

소희와 진영이는 번갈아 가며, 치비가 든 케이지를 들었다. 이번에는 진영이가 손에 케이지를 든 채 소희와 함께 엘리베이터에 탔다. 4층에 내려 복도를 지나 403호 앞에 겨우 도착했다.

"이제 작전 3단계야. 소희는 숨어 있어."

아빠 친구가 소희 얼굴을 기억하고 있을지 몰랐다. 소희는 복도 모퉁이로 숨고, 진영이만 403호 앞으로 다가갔다. 심호흡을 한 번 크게 하고 문을 두드렸다. 아무 인기척이 없었다. 잠시 후, 다시 두드렸으나 여전히 아무 반응이 없었다.

'아, 오늘은 실패인가.'

진영이가 아쉬운 마음에 터벅터벅 소희가 있는 쪽으로 걸어갈 때였다. 엘리베이터에서 두 사람이 내리며 대화하고 있었다. 한 사람은 중년의 남자, 다른 한 사람은 대학생쯤으로 보였다.

"이번 주까지 아무래도 힘들겠지?"

"쉽지 않을 것 같습니다."

갑자기 케이지 속에서 치비가 쿵쾅쿵쾅 몸을 움직였다.

"성질 더러운 고양인가 보네."

중년의 남자가 케이지를 힐끗 들여다보면서 말했다. 진영이는 고개를 숙인 채 복도 끝 쪽으로 걸어갔다. 두 남자는 한 연구실로 들어가 버렸다.

"치비, 혹시…?"

진영이가 소희와 만나 케이지 안을 들여다보았다. 치비가 화가 난 듯이 털을 곤두세우고 있었다.

"작전 3단계 성공. 저자가 범인이야."

소희는 오랜만에 돌아온 서울 집에서 방 안 침대 위에 가만히 앉아 있었다. 그 옆에는 치비가 조용히 몸을 웅크리고 있었다. 이제 작전 4단계로 넘어가야 했다. 잠시 눈을 감고 있던 소희는 이제 결심했다는 듯 눈을 뜨더니, 방문을 열었다. 치비도 그 뒤를 따랐다.

"아빠, 드릴 말씀이 있어서요."

"응, 뭐니?"

아빠 친구가 범인이라는 것이 확실해졌다. 이제 남은 것은 아빠를 설득하는 일이었다. 소희는 4단계 계획을 아빠에게 차근차근 설명하였다.

"음… 나도 사실 좀 그 녀석이 의심되긴 했어. 그래, 한번 진행해 보자."

그로부터 3일 후, 소희 아빠는 수학과 교수인 친구와 저녁 약속을 잡았다.

"오랜만이네. 별일 없지?"

"나야 뭐 똑같지. 방학에도 연구하느라 바빠."

"연구는 잘돼 가?"

소희 아빠는 일부러 연구에 관해 관심을 보였다.

"아니, 진척이 별로 없어. 나이가 들어서 그런지 머리가 굳은 거 같아."

김 교수가 고개를 절레절레 흔들면서 말했다.

"그런가? 지난주에 통영에 갔다 왔는데. 우리 장모는 나이도 많으신데 아직 정정하시더라고. 지하실에 가 보니 또 칠판에 빼곡히 뭘 적어 두셨지 뭐야."

김 교수는 소희 아빠의 이야기에 관심이 있는지 가까이 몸을 붙였다.

"이번에도 카메라로 찍었어? 한 번 봐 봐."

"아, 찍는 걸 깜박했네. 이번엔 진짜 찍었어야 하는데."

소희 아빠는 안타깝다는 듯이 연기를 해 보였다.

"왜? 꼭 찍어야 하는 이유라도 있어?"

"아니, 일주일 후에 지하실 공사를 한다더라고. 그럼 이제 칠판을 지워 버릴지도 모르잖아."

그 말을 듣자, 김 교수는 알 수 없는 오묘한 표정을 지어 보였다. 그렇게 두 사람은 만취할 때까지 술을 마시고는 헤어졌다. 다음 날, 소희는 아빠에게 어제 일에 대해 들을 수 있었다.

"너희들이 계획한 대로 잘 이야기했다. 이제 남은 것은 통영에 내려가서 진짜 친구 놈이 오는지 지켜보는 것뿐이야."

소희와 진영이는 오늘 바로 통영으로 내려가기로 했다.

"이제 언제 그 아저씨가 불쑥 찾아올지 몰라. 최대한 빨리 내려가는 수밖에."

소희 아빠는 회사 일 때문에 아이들과 함께 갈 수 없었다. 하지만 인터넷 쇼핑몰에서 CCTV를 하나 구매해서 진영이에게 건네주었다. 진영이 아버지에게 부탁해서 할머니 댁 지하실에 CCTV를 달기로 한 것이다.

통영에 다시 돌아온 지 셋째 날, 그날도 낮에는 지난 며칠과 똑같았다. 진영이가 소희 할머니 댁에 놀러와 소희와 함께 놀며 시간을 보냈다. 밤이 되면 진영이는 집으로 돌아갔다. 소희는 최대한 늦은 시간까지 잠을 안 자고 2층 창문으로 밖을 지켜보았다. 혹시라도 그가 나타날지 몰랐기에.

밤 12시가 지나 결국 소희는 침대에 엎드려 잠이 들고 말았다. 그때였다. 뭔가 얼굴을 때리는 느낌에 잠에서 깼다. 치비가 앞발로 소희 얼굴을 치고 있던 것이다.

"무슨 일이야, 치비야? 설마?"

소희는 갑자기 잠이 확 깼다. 설마 누가 온 거야? 치비가 냄새를 맡은 게 분명했다. 창문 밖을 보았다. 검은 그림자가 지하실 쪽으로 향하고 있었다. 가슴이 마구 쿵쾅거리기 시작했다.

'지금 나 혼자 나가면 위험하지 않을까? 어떡하면 좋을까?'

옆방에 주무시는 할머니를 깨웠다가는 많이 놀라셔서 쓰러지실지도 몰랐다. 소희는 우선 112에 신고했다.

"경찰이죠? 지하실에 누군가 모르는 사람이 들어왔어요. 빨리 좀 와 주세요."

경찰이 10분 이내로 도착할 것이라 했다. 이번에는 진영이에게 전화했다. 진영이는 이미 잠들었는지 계속 통화 연결음만 들릴 뿐이었다. 경찰이 올 때까지 마냥 기다릴 수만은 없었다. 소희는 한 손에 손전등을 든 채 방을 나섰다.

"그래, 툴리아에서 요괴와도 싸워서 이겼어. 무서울 거 없어."

그렇지만 그때는 진영이와 님프도 함께 있었다. 이제는 옆에 치비가 함께 있을 뿐이었다. 1층으로 내려와 조심스레 현관문을 열었다. 소희 뒤를 따라 치비도 밖으로 나왔다.

예상한 대로 지하실의 문이 살짝 열려 있었다. 범인은 지하실 안에 있는 것이 틀림없었다. 소희는 발소리가 나지 않게 조심조심 지하실 쪽으로 향했다. 문이 열린 틈새로 지하실 안을 살짝 들여다보았다. 한 남자가 핸드폰 카메라로 칠판을 찍고 있었다.

치비가 재빨리 지하실 안으로 뛰어 들어갔다. 소희도 예상하지 못한 타이밍이었다.

"악, 이거 뭐야."

치비가 그대로 그 남자의 얼굴로 달려든 것이다. 갑자기 검은 생명체가 머리에 달라붙자 남자는 많이 놀라 뒤로 주저앉았다. 그때, 소희도 용기를 내어 지하실 문을 활짝 열었다. 그리고 손전

등을 그자에게 비추었다. 남자는 눈이 부신지 인상을 찡그렸다.

"당신 누구야!"

그의 얼굴을 보고 소희는 깜짝 놀랄 수밖에 없었다. 그자는 아빠 친구가 아니었다. 모자를 쓰고 있던 남자는 치비를 머리에서 떼어 내어 지하실 구석으로 집어 던졌다. 치비는 벽에 부딪쳐 그대로 쓰러졌다. 그자의 얼굴에는 치비가 할퀸 흔적이 남아 있었다. 그자가 소희 쪽으로 천천히 다가오기 시작했다. 소희의 손이 떨리면서 손전등의 빛이 마구 흔들리기 시작했다.

"죽기 싫으면 저리 비켜."

그 남자가 주머니에서 칼을 꺼내며 소희에게 소리쳤다. 하지만 소희는 여기서 물러날 수 없다고 생각했다.

"당신 누구야? 절대 용서할 수 없어!"

남자가 소희 바로 앞까지 다가온 순간, 밖에서 사이렌 소리가 들리기 시작했다. 남자는 한 손으로 소희를 밀쳐 버리고 재빨리 밖으로 달려갔다. 소희는 그대로 옆으로 쓰러지고 말았다.

경찰이 뒤늦게 도착했으나 범인은 이미 도망간 후였다. 소희는 정신을 차리고 치비에게 먼저 달려갔다. 치비가 천천히 눈을 떴다. 다행히 목숨에는 지장이 없는 것 같았다. 소희가 치비를 끌어안고 울음을 터트렸다. 지하실 안에는 온통 소희의 울음소리만이 울려 퍼지고 있었다.

다음 날 아침, 경찰이 사건 조사를 위해 다시 소희 할머니 댁에 찾아왔다. 부재중 전화를 보고 아침 일찍 진영이도 이미 온 상태였다.

"범인의 얼굴은 기억나니?"

결국, 어젯밤에 경찰도 범인을 놓친 것 같았다. 대체 범인은 누구지? 소희는 분명 처음 보는 얼굴이었다. 소희 옆에 있던 진영이가 소리쳤다.

"며칠 전에 저희 아빠가 지하실에 CCTV를 설치해 뒀어요. 그걸 확인해 보면 알 수 있을 거예요!"

경찰이 CCTV에 찍힌 화면을 보여 주었다. 한 남자가 지하실 안으로 들어가는 장면이 분명히 찍혔다. 하지만 모자를 쓰고 있어 얼굴이 잘 보이지는 않았다.

"안 돼. 얼굴이 안 보이잖아."

진영이가 초조한 마음에 중얼거렸다. 잠시 후, 치비가 그자에게 달려드는 장면이 나왔다. 그자가 뒤로 넘어지고 치비를 떼어 내어 집어 던졌다. 그때였다. 남자의 얼굴이 화면에 그대로 드러났다.

"누군지 알겠어. 그자가 범인이었어!"

진영이가 소리쳤다. 진영이가 아는 사람인가? 소희는 놀라서 눈을 동그랗게 뜨고 진영이를 바라보았다.

"소희야 그 사람이야. 우리가 OO대학교에 갔을 때, 김봉수 교수님 옆에 있던 남자 대학생!"

그날, 소희는 복도 끝에 숨어 있어서 그 사람들의 얼굴을 보지 못했다. 하지만 아빠 친구 옆에 누군가 같이 있었다는 것은 기억하고 있었다.

"그러면, 아빠 친구가 시킨 게 분명해. 그래서 이 남자가 여기로 온 거야."

경찰 조사 결과, 그 남자는 김봉수 교수와 함께 연구하는 직속 제자였다. 처음에는 통영에 간 적이 없다고 부인했으나 CCTV 화면에 찍힌 모습과 얼굴에 고양이가 할퀸 흔적으로 인해 범인임이 밝혀졌다. 경찰은 김봉수 교수가 그에게 지시를 내려 통영에 갔다는 것 역시 밝혀냈다. 그뿐 아니라, 기존에 두 번 지하실에 침입했던 사람 역시 김봉수 교수였다는 사실도 발표했다.

"우리 딸, 정말 장하다 장해."

주말에 통영으로 내려온 소희 아빠가 소희를 끌어안았다. 소희 엄마도 옆에서 방긋 미소 짓고 있었다. 이것으로 할머니의 억

울함을 모두 풀어낼 수 있었다. 할머니도 흐뭇한 표정으로 모두를 따뜻하게 바라보고 있었다. 한층 건강해진 모습이었다.

"이제 다시 서울로 돌아가는 거지?"

진영이는 이렇게 소희와 헤어지는 것이 못내 아쉬웠다.

"응, 그래도 방학 때마다 통영에 올 거니까."

"휴, 방학이라. 겨울이 오려면 아직 멀었잖아."

소희가 갑자기 진영이 앞으로 바싹 다가갔다. 그러고는 그의 오른손을 꼭 잡았다. 진영이는 깜짝 놀라며 소희의 얼굴을 바라보았다. 그의 얼굴이 살짝 빨개졌다.

"연락할게."

소희의 말에 진영이가 자기도 꼭 연락하겠다고 답했다. 소희는 다시 서울로 떠나기 전에, 마당 잔디에 앉아 있는 치비에게도 손을 흔들었다. 그동안 치비와도 정이 많이 들었기 때문이다. 하지만 치비는 별로 관심 없다는 듯, 무표정하게 몸을 웅크리고 있을 뿐이었다.

그렇게 그들의 환상 같은 여름이 끝났다. 서울로 가는 차 안에서 가만히 눈을 감자, 소희의 머릿속에 수많은 장면이 떠올랐다. 소희는 생각했다. 틀리아에서의 추억은 평생 잊지 못할 거라고.

제3편

- 직선 AB($\overleftrightarrow{AB}$) : 점 A와 점 B를 지나면서 끝없이 늘인 곧은 선을 말합니다.
- 반직선 AB($\overrightarrow{AB}$) : 점 A에서 점 B 방향으로 끝없이 늘인 곧은 선을 말합니다.
- 선분 AB($\overline{AB}$) : 두 점 A와 B를 곧게 이은 선을 말합니다.

제4편

- 선분의 중점 : 선분을 이등분하는 점을 말합니다.
- 평각 : 각의 두 변이 한 직선을 이루는 각으로, 크기가 180°인 각을 말합니다.
- 직각 : 각의 크기가 평각 크기의 $\frac{1}{2}$ 로 90°인 각을 말합니다.
- 둔각 : 각의 크기가 90°보다 크고 180°보다 작은 각을 말합니다.
- 예각 : 각의 크기가 0°보다 크고 90°보다 작은 각을 말합니다.

제5편

- 맞꼭지각 : 서로 다른 두 직선이 만나 생긴 각 중 서로 마주 보는 두 각을 말합니다.

제6편

- 수선 : 두 직선이 서로 수직일 때, 한 직선을 다른 직선의 수선이라고 합니다.

• 수선의 발 : 수선과 일정한 직선이 만나는 점을 수선의 발이라 합니다.

제7편

〈두 직선의 위치 관계〉
• 평행하다 : 한 평면 위의 두 직선이 서로 만나지 않는 것을 말합니다.
• 한 점에서 만난다 : 한 평면 위의 두 직선이 한 점에서만 서로 만나는 것을 말합니다.
• 일치한다 : 한 평면 위의 두 직선이 포함하는 점이 완전히 같은 것을 말합니다.
• 꼬인 위치에 있다 : 공간에서 두 직선이 평행하지도 않고 만나지도 않을 때 꼬인 위치에 있다고 합니다.

제8편

• 동위각 : 두 직선이 한 직선과 만나 생긴 각 중에 같은 쪽에 있는 각을 말합니다.
• 엇각 : 두 직선이 다른 한 직선과 만나서 생긴 각 중에 반대쪽에 있는 각을 말합니다.

제9편

• 합동 : 모양과 크기가 완전히 똑같은 두 도형을 서로 합동이라 말합니다.
〈삼각형의 합동 조건〉
• 1) 대응하는 세 변의 길이가 같을 때
• 2) 대응하는 두 변의 길이와 그 끼인각의 크기가 같을 때
• 3) 대응하는 한 변의 길이와 양 끝 각의 크기가 같을 때
• 대각 : 삼각형에서 어떤 변과 마주 보는 각을 말합니다.

제10편

- 내각 : 다각형에서 꼭짓점을 이루는 두 변의 내부의 각을 내각이라 말합니다.
- 외각 : 다각형의 한 꼭짓점에서 한 변과 그 변에 이웃한 다른 변의 연장선으로 이루어진 각을 말합니다.

제11편

- n각형의 한 꼭짓점에서 그을 수 있는 대각선의 개수 : $(n-3)$
- n각형의 대각선의 개수 : $\dfrac{n(n-3)}{2}$
- 삼각형의 한 외각의 크기 = 그와 이웃하지 않는 두 내각의 크기의 합
- n각형의 내각의 크기의 합 : $180° \times (n-2)$
- 정n각형의 한 내각의 크기 : $\dfrac{180° \times (n-2)}{n}$

제12편

- 호 : 원 위에 있는 두 점을 양 끝점으로 하는 원의 일부분인 곡선을 호라고 합니다.
- 현 : 원 위의 두 점을 이은 선분을 말합니다.
- 할선 : 원 위의 두 점을 지나는 직선을 말합니다.
- 부채꼴 : 원의 두 반지름과 그 사이에 있는 호로 둘러싸인 도형을 말합니다.
- 활꼴 : 원 위의 서로 다른 두 점이 만드는 호와 현으로 이루어진 도형을 말합니다.
- 중심각 : 부채꼴에서 두 반지름이 만드는 각을 말합니다.

제13편

- 원의 둘레의 길이 $l = 2\pi r$
- 원의 넓이 $S = \pi r^2$
- 부채꼴의 호의 길이 $l = 2\pi r \times \dfrac{x}{360}$
- 부채꼴의 넓이 $S = \pi r^2 \times \dfrac{x}{360}$ 또는 $S = \dfrac{1}{2} r l$

제14편

- 각뿔 : 밑면은 다각형이고, 옆면이 삼각형인 뿔 모양의 입체 도형을 말합니다.
- 각뿔대 : 각뿔을 밑면과 평행한 평면으로 잘랐을 때 생기는 입체 도형 중에 각뿔이 아닌 부분을 말합니다.

제15편

- 각기둥 : 위아래 면이 서로 평행하면서 합동이고 옆면은 모두 직사각형인 다면체를 말합니다.

〈정다면체의 성질〉

정다면체	정사면체	정육면체	정팔면체	정십이면체	정이십면체
모양					
꼭짓점의 개수	4	8	6	20	12
모서리의 개수	6	12	12	30	30
면의 개수	4	6	8	12	20

제17편

- (원기둥의 부피)=(밑넓이)×높이 = $\pi r^2 h$
- (원뿔의 부피)=$\frac{1}{3}$×(밑넓이)×(높이) = $\frac{1}{3}\pi r^2 h$
- (구의 부피) = $\frac{4}{3}\pi r^2 h$
- (원기둥의 겉넓이) = (밑넓이)×2 +(옆넓이) = $2\pi r^2 + 2\pi rh$
- (원뿔의 겉넓이) = (밑넓이)+(옆넓이) = $\pi r^2 + \pi rl$
- (구의 겉넓이) = $4\pi r^2$

제18편

- 계급 : 변량을 일정한 간격으로 나눈 구간을 의미합니다.
- 계급값 : 각 계급의 중앙값을 말합니다.
- 도수 : 각 계급에 속하는 자료의 수를 말합니다.
- 도수분포표 : 자료를 몇 개의 계급으로 나눈 후에 각 계급의 도수를 나타낸 표를 말합니다.
- 상대도수 : 전체 도수에 대한 각 계급의 도수의 비율을 말합니다. (상대도수의 총합 = 1)

제19편

- 히스토그램 : 도수분포표의 각 계급의 양 끝 값을 가로축에 표시하고, 그 계급의 도수를 세로축에 표시하여 직사각형 모양으로 나타낸 그림을 히스토그램이라 합니다.
- 도수분포다각형 : 히스토그램에서 각 직사각형의 윗변의 중앙에 점을 찍고, 양 끝에 도수가 0인 계급을 하나씩 추가하여 중앙에 점을 찍은 후 점들을 모두 선분으로 연결하여 만든 그래프를 도수분포다각형이라 합니다.